水电施工
必懂的80个技能

宏达 | 主编

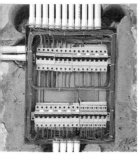

人民邮电出版社

北 京

图书在版编目（CIP）数据

水电施工必懂的80个技能 / 宏达主编. -- 北京：
人民邮电出版社，2019.3（2019.10重印）
ISBN 978-7-115-49022-3

Ⅰ. ①水… Ⅱ. ①宏… Ⅲ. ①房屋建筑设备—给排水
系统—建筑施工—图解②房屋建筑设备—电气设备—建筑
施工—图解 Ⅳ. ①TU821-64②TU85-64

中国版本图书馆CIP数据核字(2018)第175765号

内 容 提 要

本书内容分为五个部分，分别是施工图纸、水电工具、水电材料、现场施工和水电修缮。

其中：施工图纸简单地介绍了全套家装图纸的内容，细致地讲解了水电部分的施工图纸以及如何识读图纸和图例；水电工具列举了大型的、重点的施工工具，主要介绍工具在实际中的使用方法以及可能遇到的问题；水电材料主要介绍各种材料的好坏、区别以及选购技巧；现场施工分为水路和电路两个部分，帮助读者更好、更清晰地学习施工技术；水电修缮总结了常见的水电问题和解决办法。以上五个方面基本涵盖了水电施工的各个方面，相信无论是想学习施工技术，还是想了解水电材料的读者，都能从中得到相应的收获。

本书可供从事家装行业的水电施工人员阅读，也可供家装业主参考。

◆ 主　　编　宏　达
　　责任编辑　刘　佳
　　责任印制　马振武

◆ 人民邮电出版社出版发行　北京市丰台区成寿寺路 11 号
　　邮编　100164　电子邮件　315@ptpress.com.cn
　　网址　http://www.ptpress.com.cn
　　北京虎彩文化传播有限公司印刷

◆ 开本：700×1000　1/16
　　印张：11.25　　　　　　　2019 年 3 月第 1 版
　　字数：212 千字　　　　　2019 年 10 月北京第 3 次印刷

定价：59.80 元

读者服务热线：(010)81055256　印装质量热线：(010)81055316
反盗版热线：(010)81055315
广告经营许可证：京东工商广登字 20170147 号

前言

PREFACE

　　水电工是技术工种，学习水电施工有一个标准的步骤：先要学会识读水电施工图纸，了解水电施工方案；然后学习并掌握各种水电施工工具以及水电材料，知道具体的使用方法；最后进入到施工现场，将所学习到的知识运用到实际的施工项目中，并逐步掌握水电现场施工的技巧，提升施工技能。

　　在各种水电施工步骤中，关于水电施工现场技能的学习最为重要。无论是想成为优秀的水电工，还是想了解水电施工奥秘，并运用到自家的装修中，都需以现场施工为中心，扩展性地学习施工图纸工具和材料等相关知识。

　　本书将主要内容集中在现场施工环节，分两个章节讲解，将水路施工与电路施工分开，建立系统的施工知识，并集合了现场施工图片，分步骤、划区域地逐一解读，还原实际现场施工情况，学习水电施工"纯干货"。

　　本书在讲解施工图纸、水电工具和材料内容时，尽量避免大段的文字罗列，以图解为中心，更多地讲解图纸的识读方式、工具的用法以及材料的辨别与选购。读者可选择略读，了解即可；也可精读，深入学习。

　　另外，在本书的最后部分，集合了常见的水电施工问题和维修方法，无论是新装修房屋还是已经入住房屋的水电施工问题，都能从中找到解决方法。

　　由于时间仓促，书中难免有不妥和疏漏之处，希望广大读者朋友批评指正。

编者

2018 年 11 月

目录

CONTENTS

第1章　了解水电施工图，学会现场布置　1

1.1　识读水电施工图前需了解的知识...2

1.2　常见的全套家装施工图...3

1.3　看水路布置图，学会现场布置...9

1.4　看灯具定位图，学会现场布置...10

1.5　看开关布置图，学会现场布置...11

1.6　看插座分布图，学会现场布置...13

1.7　看弱电布置图，学会现场布置...15

第2章　水电工常用工具　16

2.1　技能1：冲击钻的使用方法...17

2.2　技能2：开槽机的使用方法...18

2.3　技能3：热熔机的使用方法...19

2.4　技能4：打压泵的使用方法...22

2.5　技能5：万用表的使用方法...23

2.6　技能6：兆欧表的使用方法...24

2.7　技能7：切割机的使用方法...25

第3章　认识重点水电材料，掌握购买技巧　27

3.1　PVC排水管的介绍与选购...28

3.2　PPR给水管的介绍与选购...29

3.3 塑铜线的介绍与选购 33

3.4 网线的介绍与选购 34

3.5 电话线的介绍与选购 36

3.6 TV 线的介绍与选购 37

3.7 穿线管的介绍与选购 38

3.8 PVC 螺纹管的介绍与选购 38

3.9 黄蜡管的介绍与选购 39

3.10 开关的介绍与选购 39

3.11 插座的介绍与选购 41

3.12 暗装底盒的介绍与选购 42

3.13 水表的介绍与选购 44

3.14 阀门的介绍与选购 45

3.15 空气开关的介绍与选购 46

3.16 防水涂料的介绍与选购 47

第 4 章　深入水路施工现场　48

4.1 家装施工流程一览 49

4.2 解读水路施工步骤 50

4.3 厨卫水路布局图解 54

4.4 给水管与排水管的施工要求 56

4.5 技能 8：水路定位 57

4.6 技能 9：水路施工弹线 60

4.7 技能 10：管路开槽 61

4.8 技能 11：连接 PPR 给水管 62

4.9 技能 12：连接 PVC 排水管 64

4.10 技能 13：敷设给水管与排水管 67

4.11 技能 14：打压测试 70

4.12 技能 15：封槽 71

4.13 技能 16：厨卫刷防水 72

4.14 技能 17：闭水试验 74

4.15 技能 18：地暖施工 76

4.16 技能 19、技能 20：安装并检查水表、阀门 79

4.17 技能 21：安装洗脸盆 81

4.18 技能 22：安装坐便器 84

4.19 技能 23：安装淋浴花洒 86

4.20 技能 24：安装浴缸 88

4.21 技能 25：安装地漏 88

第 5 章　深入电路施工现场　91

5.1 解读电路施工步骤 92

5.2 各空间电路布局图解 94

5.3 电路改造与施工要求 103

5.4 估算电线用量 107

5.5 技能 26：电路定位 108

5.6 技能 27：电路施工弹线 110

5.7 技能 28：线路开槽 111

5.8 技能 29：布管、技能 30：套管加工 112

5.9 技能 31：穿线、技能 32：电线加工 116

5.10　技能33：电路测试与施工验收 127

5.11　技能34：安装开关、插座 127

5.12　技能35：安装家用配电箱 138

5.13　技能36：安装吊灯、技能37：安装吸顶灯 141

5.14　技能38：安装筒灯、技能39：安装射灯 143

5.15　技能40：安装暗光灯带 144

5.16　技能41：安装浴霸 145

第6章　水电常见问题处理与维修　147

6.1　水路修缮 148

6.1.1　技能42：更换排水管存水弯 148

6.1.2　技能43：排水管堵塞解决办法 149

6.1.3　技能44：排水管漏水及解决方法 150

6.1.4　技能45：洗手台止水阀漏水解决方法 151

6.1.5　技能46：排水管出现裂缝、穿孔解决方法 152

6.1.6　技能47：厨卫下水管道返臭味解决方法 152

6.1.7　技能48：更换洗手台进水管 153

6.1.8　技能49：更换水龙头方法 154

6.1.9　技能50：更换水龙头把手 155

6.1.10　技能51：水龙头一直漏水解决方法 155

6.1.11　技能52：水龙头密封圈漏水解决方法 156

6.1.12　技能53：更换整个水龙头还是会漏水解决方法 156

6.1.13　技能54：水龙头生锈解决方法 157

6.1.14　技能55：安装水龙头起泡器 157

6.1.15　技能 56：维修按压式水龙头 157

6.1.16　技能 57：冷水口出来热水的原因及解决方法 158

6.1.17　技能 58：浴室潮湿或出现霉斑的解决方法 159

6.1.18　技能 59：水龙头、花洒乱射水的解决方法 159

6.1.19　技能 60：水龙头转换开关失灵的解决方法 160

6.1.20　技能 61：浴缸与墙面连接处有污垢的解决方法 160

6.1.21　技能 62：安装两段式坐便器冲水器 161

6.1.22　技能 63：调整浮球柄省水 161

6.1.23　技能 64：坐便器水箱漏水的解决方法 161

6.1.24　技能 65：坐便器堵塞的解决方法 162

6.1.25　技能 66：坐便器返异味的解决方法 163

6.1.26　技能 67：冲水键无法回归原位的解决方法 164

6.1.27　技能 68：厨房洗菜槽堵塞解决方法 164

6.1.28　技能 69：清除洗菜槽内的污垢 165

6.2　电路修缮 165

6.2.1　技能 70：解决电路短路 165

6.2.2　技能 71：电路接触不良的解决方法 166

6.2.3　技能 72：跳闸、电线走火的解决方法 166

6.2.4　技能 73：空开总是跳闸的解决方法 168

6.2.5　技能 74：DIY 电源开关 168

6.2.6　技能 75：DIY 电源插座 169

6.2.7　技能 76：更换开关背盖 169

6.2.8　技能 77：插座与插排的安全使用 170

6.2.9　技能 78：如何更换灯泡、灯管 171

6.2.10　技能 79：安装灯管启动器 171

6.2.11　技能 80：清洁灯具 171

第1章
了解水电施工图，学会现场布置

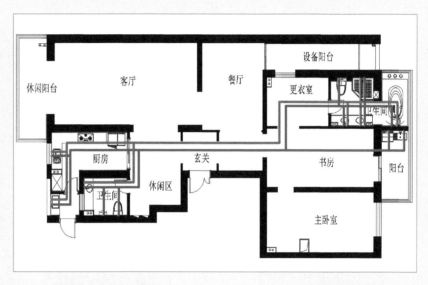

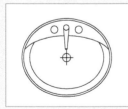

- ◆ 学会识读家装施工图
- ◆ 掌握灯具、开关、插座、弱电的图纸设计
- ◆ 了解水路图纸布置方式

1.1 识读水电施工图前需了解的知识

识读水电施工图纸，首先要能看懂图纸封面信息、施工要求以及图纸目录。这几页图纸中涵盖了项目施工地点、施工时间以及施工标准等重要信息。

项目地点

世茂天城臻园1#3803　施工图

施工图

DATE:2018.06

施工日期

△ 封面图

施工标准规范说明

进场、砌墙、防水，铺砖施工要求

进场施工要求

01、进场做成品保护（门窗），成品交换（配电箱、对讲门铃等）
02、现场配备消防工具（灭火器、沙箱）并摆设明显位置
03、电工必须有上岗证
04、要求施工方挂贴警示牌、施工进度表、施工工艺规范、施工图纸
05、监理公司必须贴好门标以及监理日志工作牌
06、施工现场先找水平线，统一按此水平线施工
07、拆旧墙体前，先保护好下水口，避免杂物掉入造成堵塞
08、施工中配备微付大便器
09、天花板白灰铲除，空鼓铲除
10、原设计图纸须拆除原建筑墙体时，主电源配电箱导管不可移动，承重墙体及梁柱不损坏，复杂楼露台防水是不可破坏

防水施工要求

01、基层表面应平整，不得有松动，空鼓，起沙、开裂等缺陷，含水率应符合防水材料的施工要求
02、地漏、套管、卫生洁具根部，阴阳角等部位，应先做防水附加层
03、防水层应从地面到地面，厨房高出地面300mm，洗菜处到到1米，浴室内墙部位的防水层到1.2米
04、防水砂浆的配比应符合设计或产品的要求，防水层应与基层结合牢固，表面应平整，不得有起沙、裂缝和麻石起砂，阴阳角应做成圆弧形
05、涂膜涂刷应均匀一致，不得漏刷，总厚度控制在1mm以上应合符产品技术性能要求
06、厨房、卫生间铺砖完后，为了防止地砖施工中防水层受到破损，在铺地砖前补刷一遍防水涂料
07、防水工程应做两次蓄水试验A、防水层刷完B、墙地砖以及门槛石铺完，蓄水时间为48小时

砌墙粉刷施工要求

01、厨房、卫生间必须制制防水梁，高地面300mm内埋钢筋
02、新旧墙体交接处砌砖墙涂打"拉结筋"总长600mm，入墙100mm，斜45°打入，高度等400mm一根，做结构时加入柱筋浆
03、新旧墙体交接处粉刷墙"挂网"网宽200mm径10mmX10mm各逢新旧墙100mm可用
1：3沙浆粉刷，通知甲方验收后可打粉刷，单粉层厚度不可超过35mm，如超过必须钢加强网，避免空鼓脱落
04、门洞过梁须采用钢筋水泥预拌混凝土过梁，厚度100mm，梁长度须超过门口洞左右各100mm，直径8mm钢筋二条，25石子鹅卵石且进场预先预制，浇水养护干
05、现场所有木门门框，须定位为12分墙体
06、砌墙当天不能直接刷到顶，须待启墙厚度由灰砖预先铲除以后一至两天，到墙启墙厚度由灰砖预先铲除后方可施工，最顶上一排砌砖须倒斜砖，水泥须直接与水泥面或混水泥土面接触
07、粉刷厚是采用"定点冲筋"处理，墙平整度，垂直度须符合标准两平方米范围内4mm为合格
08、粉刷好的墙体须浇水养护三天以上
09、找平时须先刷一遍水泥膏再铺粗砂砂浆

铺砖施工要求

01、磁砖铺贴前的须预先选砖，砖规格、尺寸、平整度、颜色有差异的不能铺贴
02、磁砖铺贴空鼓率在5%以内合格，空鼓没超过砖片面的1%不视为空鼓
03、地面砖铺贴不能积水，地面须泛水坡度（5°）
04、墙地砖铺贴时，同等规模尺寸须磁砖铺贴对缝
05、贴面砖时，垂直度须符合标准，在2平方米范围内不超过±2厘
06、磁砖切割整平整，直度，90°做45°碰角处理
07、砖缝须清理干净后方可勾缝
08、水泥沙浆配合比到位，不得直接使用纯水泥浆配铺砖
09、小于1/3整砖的不要铺贴，左右两边各取半铺砖
10、所用与地面金刷砖，木地板之间交换处预留尺寸须到位，不能太多或太少，否则影响使用
11、金刚板找平平面无缝压光，但也不可起砂，地面平整度须符合标准
12、现场施工其它具体参见：QB50325-2000 QB50327-2000 QB50210-2000 DBJB-46-2002

注意事项：

1、墙体拆砌图门位已扣除木偻尺寸，但仍需得到木偻确定方可施工。墙体拆砖墙请核对图纸尺寸，如有5cm以上尺寸误差请联系设计师，得到核对确认方可施工。否则责任施工方自负。
2、瓷片款式规格在施工前需商经设计师同意方能使用，铺设方案参考图纸，但实际铺设需以现场量为准，非造型特定要求，应以低损耗铺设方法为首选。

备注：

△ 施工要求图纸

可根据图纸目录找到相应的施工图纸

图 纸 目 录 （一）

工程名称	世茂天城臻园1#3803 施工图		子项名称	装修施工图	
工程编号			工程日期	2018.06	
序号	图纸编号	图纸名称	序号	图纸编号	图纸名称
01	装施PM-01	原始结构图	16	装施PM-16	灯具尺寸定位图、1F吊顶材质图
02	装施PM-02	平面布置图	17	装施PM-17	强电布置图
03	装施PM-03	拆墙图	18	装施PM-18	弱电布置图
04	装施PM-04	新砌墙体定位图	19	装施PM-19	开关布置图
05	装施PM-05	地面材质图	20	装施PM-20	内给水布置图
06	装施PM-06	地材大样图01	21	装施PM-21	立面索引图
07	装施PM-07	地材大样图02	22	装施LM-01	玄关立面图A/B
08	装施PM-08	吊顶布置图	23	装施LM-02	玄关立面图C/D
09	装施PM-09	吊顶尺寸定位图	24	装施LM-03	更鞋区立面图A/B
10	装施PM-10	吊顶大样图01	25	装施LM-04	更鞋区立面图C/D
11	装施PM-11	吊顶大样图02	26	装施LM-05	休闲区立面图A/B
12	装施PM-12	吊顶大样图03	27	装施LM-06	休闲区立面图C/D
13	装施PM-13	吊顶线条大样图	28	装施LM-07	客厅立面图A
14	装施PM-14	客厅吊顶雕花大样图	29	装施LM-08	客厅立面图B
15	装施PM-15	书房吊顶雕花大样图	30	装施LM-09	客厅立面图C

▲ 目录页

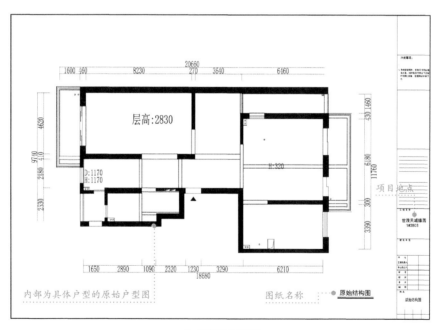

内部为具体户型的原始户型图

图纸名称 ┈● 原始结构图

▲ 具体施工图纸

1.2 常见的全套家装施工图

　　一套完整的家装施工图纸主要包括原始平面图、墙体拆改图、平面布置图、吊顶设计图、地面铺贴图、灯具定位图、插座分布图、弱电布置图、开关布置图、水路布置图等。

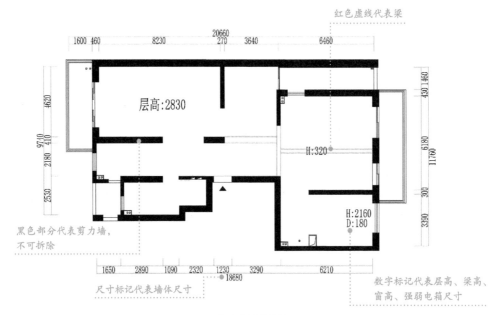

层高:2830

H:320

H:2160
D:180

红色虚线代表梁

黑色部分代表剪力墙，
不可拆除

尺寸标记代表墙体尺寸

数字标记代表层高、梁高、
窗高、强弱电箱尺寸

△ 原始平面图

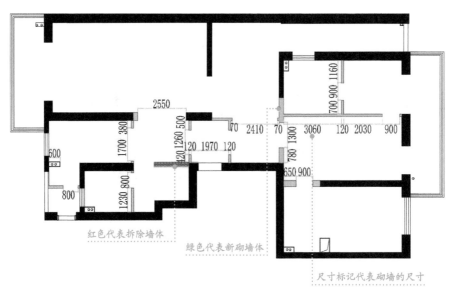

红色代表拆除墙体

绿色代表新砌墙体

尺寸标记代表砌墙的尺寸

△ 墙体拆改图

双斜线代表到顶柜体　　　单斜线代表半高柜体

休闲阳台

客厅　　品茶区　　餐厅　　设备阳台

卫生间　　更衣间

厨房　　休闲区　　玄关　　书房　　阳台

后厨　　卫生间

主卧室

衣柜　　门开启方向

△ 平面布置图

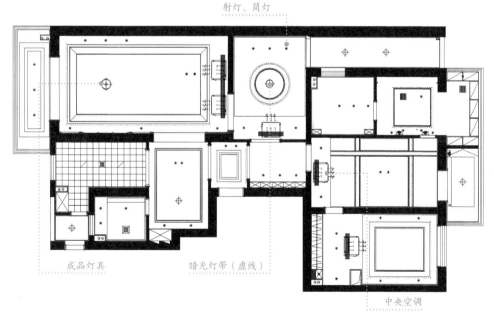

射灯、筒灯

成品灯具　　暗光灯带（虚线）

中央空调

△ 吊顶设计图

5

800×800 地砖　　　大理石拼花

实木地板　　　300×300 地砖

△ 地面铺贴图

成品灯具标注　　　　　　　　　　　排风口尺寸标注

暗光灯带位置

射灯、筒灯尺寸标注

△ 灯具定位图

▲ 插座分布图

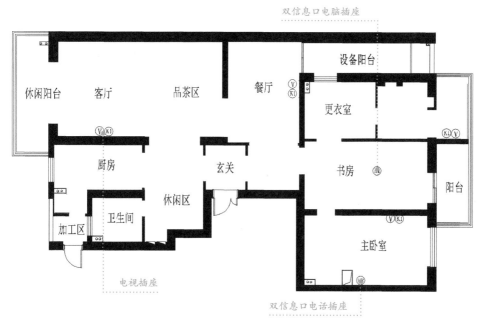

▲ 弱电布置图

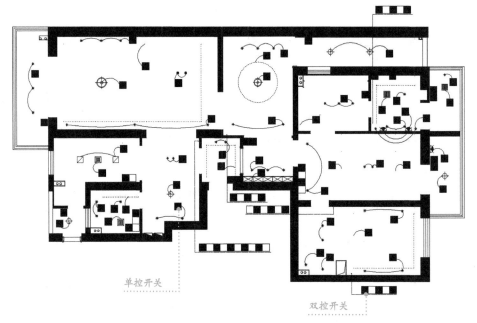

△ 开关布置图

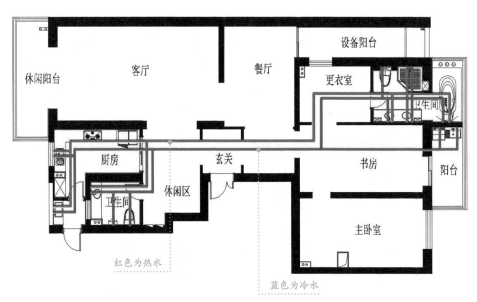

△ 水路布置图

1.3 看水路布置图，学会现场布置

（1）常见图例

家装水路布置图常用图例见下表。

图示	名称	图示	名称
	冷水管	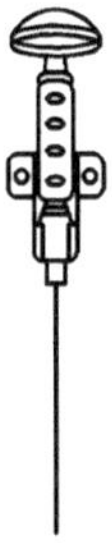	淋浴器
	热水管	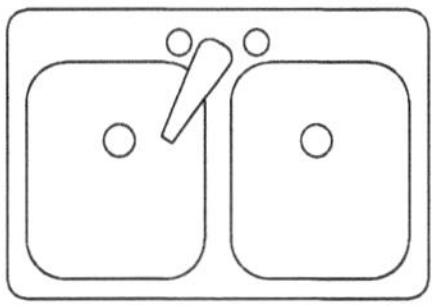	洗菜槽
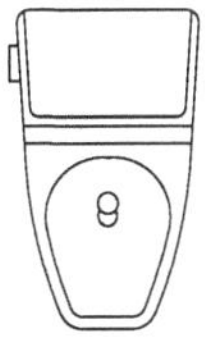	坐便器	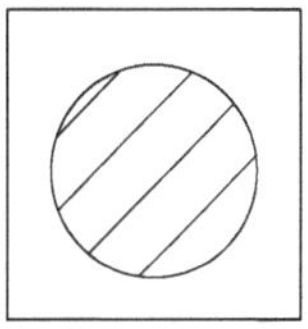	地漏
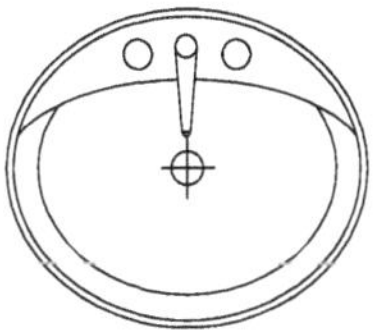	洗脸盆	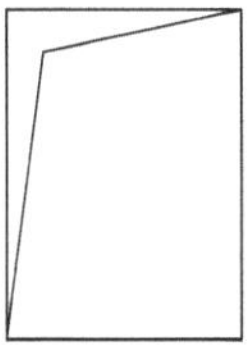	烟道
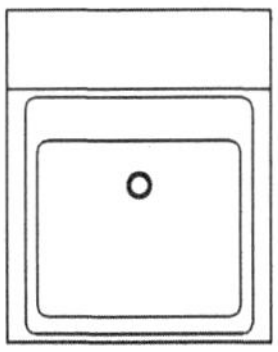	拖布池	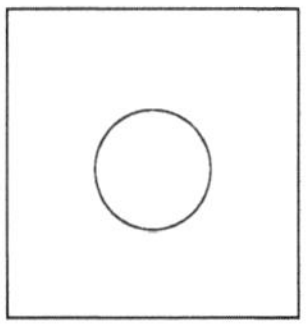	阳台太阳能热水器

（2）识图技巧

红色虚线代表热水，蓝色实线代表冷水。识图时，应注意冷水管与热水管的端口分布有哪些区别，以方便后期施工。

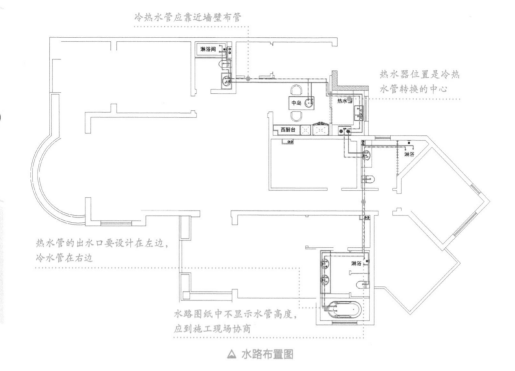

冷热水管应靠近墙壁布管

热水器位置是冷热水管转换的中心

淋浴间

中岛

热水器

西厨台

淋浴

热水管的出水口要设计在左边，冷水管在右边

淋浴

水路图纸中不显示水管高度，应到施工现场协商

△ 水路布置图

1.4 看灯具定位图，学会现场布置

（1）常见图例

家装灯具定位图常用图例见下表。

图示	名称	图示	名称
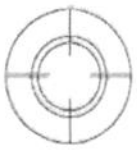 ⊕	成品吊灯	 ◐	壁灯
 ⊕	防雾灯	●	球形灯
 ↑⊕	射灯	 ⊗	花灯
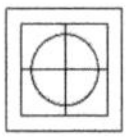 ▣	筒灯	— — — — —	灯带
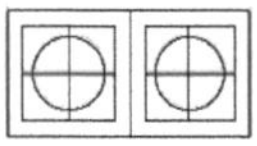 ▣▣	斗胆灯		浴霸

注：每个设计师表示灯具的符号会有区别，看图时可对照图表所附图解。

（2）识图技巧

看灯具定位图有以下技巧：先看大房间，再看小房间；先看吊灯、吸顶灯，再看射灯及灯带。射灯或筒灯应当保持 800~1100mm 的间距；同一处空间内不应有两个主灯；卫生间必须有浴霸或排风扇的图标。

成品灯具的接线，应严格
按照灯位图纸定位

射灯与射灯之间的
尺寸应保持一致

射灯箭头所指的方
向，是照明的方向

虚线代表灯带，前面的实线
则是它的照明方向

暗光灯带距离墙面不得少于200mm

△ 灯具定位图

1.5 看开关布置图，学会现场布置

（1）常见图例

家装开关布置图常用图例见下表。

图示	名称	位置要求
	单极单控翘板开关	暗装　距地面 1.3m
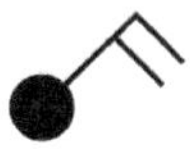	双极单控翘板开关	暗装　距地面 1.3m
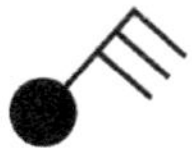	三极单控翘板开关	暗装　距地面 1.3m

图示	名称	位置要求
 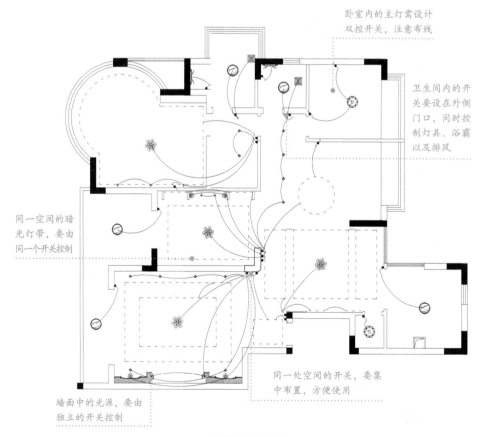	四极单控翘板开关	暗装　距地面 1.3m
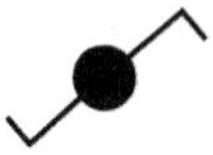	单极双控翘板开关	暗装　距地面 1.3m
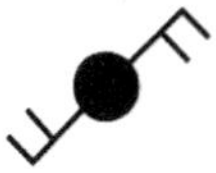	双极双控翘板开关	暗装　距地面 1.3m
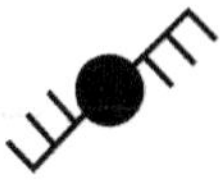	三极双控翘板开关	暗装　距地面 1.3m

（2）识图技巧

识图的方式是：先从单一的空间、单一的开关看起，再看其所控制的几盏灯具，然后逐步覆盖全部图纸。

卧室内的主灯需设计双控开关，注意布线

卫生间内的开关要设在外侧门口，同时控制灯具、浴霸以及排风

同一空间的暗光灯带，要由同一个开关控制

同一处空间的开关，要集中布置，方便使用

墙面中的光源，要由独立的开关控制

△ 开关布置图

1.6 看插座分布图，学会现场布置

（1）常见图例

家装插座分布图常用图例见下表。

图示	名称	电压电流要求	位置要求
 ▼K	壁挂空调三极插座	250V 16A	暗装　距地面 1.8m
 ▼	二、三极安全插座	250V 10A	暗装　距地面 0.35m
 ▼F	三极防溅水插座	250V 16A	暗装　距地面 2.0m
 ▼P	三极排风、烟机插座	250V 16A	暗装　距地面 2.0m
 ▼B	三极厨房插座	250V 16A	暗装　距地面 1.1m
 ▼C	三极带开关冰箱插座	250V 16A	暗装　距地面 0.35m
 ▼	三极带开关洗衣机插座	250V 16A	暗装　距地面 1.3m
 ▲K	立式空调三极插座	250V 16A	暗装　距地 1.3m
 ▲	热水器三极插座	250V 16A	暗装　距地面 1.8m
 ▽	二、三极密闭防水插座	250V 16A	暗装　距地面 1.3m
 ▼W	电脑上网插座	—	暗装　距地面 0.35m
 ▼Y	音频插座	—	暗装　距地面 0.35m

图示	名称	电压电流要求	位置要求
 ◡	电视插座	—	暗装　距地面 0.35m
 ◡	电话插座	—	暗装　距地面 0.35m

（2）识图技巧

根据插座常见图例区分出空间内的功能插座，图例边上的数字一般标记为插座的安装高度，图纸里面的插座位置与个数，就是后期施工中的定点位置。

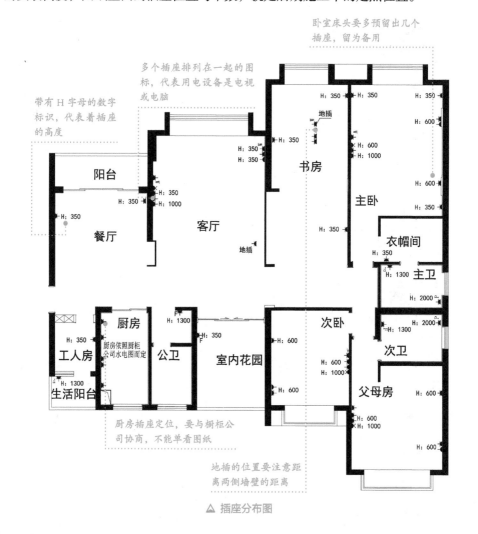

▲ 插座分布图

1.7 看弱电布置图，学会现场布置

识图技巧

在弱电布置图里查看不同区域的弱电图标，并根据走线方向确定全屋布局，灰色代表走线方向，带有 H 标识的数字代表弱电的离地高度。

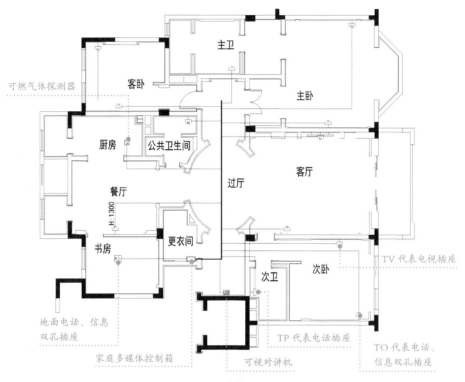

▲ 弱电布置图

第2章
水电工常用工具

◆ 掌握各类工具的用法

◆ 了解重点工具的选购技巧

2.1　技能 1：冲击钻的使用方法

（1）冲击钻介绍

　　冲击钻是一种打孔的工具，工作时钻头在电动机带动下不断地冲击墙壁打出圆孔，它是依靠旋转和冲击来工作的。

（2）冲击钻使用方法

　　打开卡头，将钻头插到底，用卡头钥匙将卡头拧紧。选择适当的钻速，双手用力握紧冲击钻，朝着钻孔方向均匀用力，并使钻头与墙面保持垂直。在钻孔过程中要不时移出钻头以清除钻屑。

△ 冲击钻结构

△ 冲击钻、电锤一体机结构

（3）冲击钻选购技巧

①看型号中是否有 R 标识

R 标识的冲击钻有正转和反转两种方式，比较适合用在坚硬的墙壁中，或者拆卸安装螺丝等。

②看型号中是否有 E 标识

E 标识的电钻可以调速，当不需要高的速率时可调至低速运行。

③测试运转情况

冲击钻有平钻和冲击钻两种功能，购买时，每种功能均要测试两分钟以上，看转速是否平稳。

2.2 技能 2：开槽机的使用方法

（1）开槽机介绍

开槽机，又称水电开槽机、墙面开槽机，主要用于墙面的开槽作业。开槽机一次操作就能开出施工需要的线槽，机身可在墙面上滚动，且可通过调节滚轮的高度控制开槽的深度与宽度。

（2）开槽机使用方法

开关在主手柄的下方，用力按压便可打开开槽机。用左手握住辅助手柄，以掌握平衡与力度。根据墙面画线的位置，由上到下、由左到右移动开槽机，整个过程要平稳、缓慢，防止损伤开槽机。

开槽机不可单手使用，容易发生危险

刀具可调节开槽的宽度，深度调节螺丝可调节开槽深度，根据实际要求调节便可

△ 开槽机结构

（3）开槽机选购技巧

①看刀具

叶轮结构的刀具，只能开轻质砖和硬度很低的墙壁。开混凝土、老火砖等墙壁，必须使用金刚石切片刀具。

△ 金刚石切片刀具

② 看功率类型

市场中的开槽机有 1100W、2200W 以及 2800W 三种主要的功率。1100W 开槽机功率小，适合开轻质砖的墙；2200W 适合开红砖等硬度适中的墙；2800W 适合开混凝土等硬度很高的墙。

③ 看最大开槽深度

测量刀轴中心到刀罩的距离，距离越大说明可安装的刀片直径越大；测量刀具超出机器底板的高度，超出的距离越高，开槽时也就开得越深。

④ 看转速

可变速开槽机电动机和齿轮箱的工作是一系列复杂的过程，每次变速都会使得齿轮组重新调整位置和运转状态，这样很容易加快电动机和齿轮箱损坏，因此建议选购单速产品。

⑤ 看电机体积

电机体积越大功率也越大，购买时要看电机体积的大小。

2.3 技能 3：热熔机的使用方法

（1）热熔机介绍

热熔机是用电加热方法将加热板热量传递给上下塑料加热件的熔接面，使其表面熔融，然后将加热板迅速退出，使上下两片加热件熔融面熔合、固化、合为一体的仪器。

△ 热熔机结构

（2）热熔机组装方法

● 安装固定支架，支架多为竖插型，将热熔机直接插入支架即可。

△ 步骤一

● 安装磨具头，先用内部螺丝连接两端磨具头，再用六角扳手拧紧。

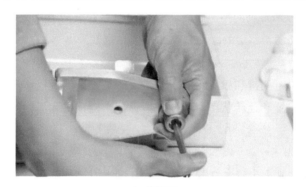

△ 步骤二

（3）热熔机使用方法

● 插入电源，待热熔机加热。绿灯亮表示正在加热，红灯亮表示加热完成，可以开始工作（PPR 管调温到 260℃~270℃；PE 管调温到 220℃~230℃）。

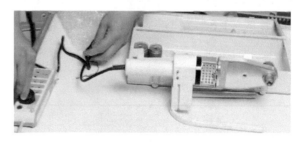

△ 步骤一

● 将管材与配件从两侧匀速插进磨具头，3~5 秒后移出。

△ 步骤二

● 迅速连接管材与配件，插入时不可旋转，不可用力过猛。

△ 步骤三

（4）不同类型的热熔机对比

① 恒温式热熔机

恒温式热熔机性价比高，恒温效果好，使用寿命较长。

△ 恒温式热熔机

② 数显式热熔机

数显式热熔机比恒温式热熔机更智能，温度调节可选择性更多，但恒温效果相对较差。

△ 数显式热熔机

（5）热熔机的选购技巧

① 看热熔机的体积与厚度

热熔机的体积越大、厚度越厚，恒温效果越好；薄款的热熔机焊板温度不稳定。

② 了解热熔机磨具头数量

一般的热熔机，内部带三个磨具头，仅限三种不同型号管材的使用；而内部带五个以上磨具头的热熔机，应用范围会更广。

③ 看机身材质

好的热熔机，会采用一体式塑料制成，整体感强，不易损坏；而把手与机身不同的热熔机，质量较差。

2.4 技能4：打压泵的使用方法

（1）打压泵介绍

打压泵是测试水压、水管密封效果的仪器，通常一端连接水管，一端不断地向水管内部增加压力，通过压力的增加，测试水管是否有泄漏问题。

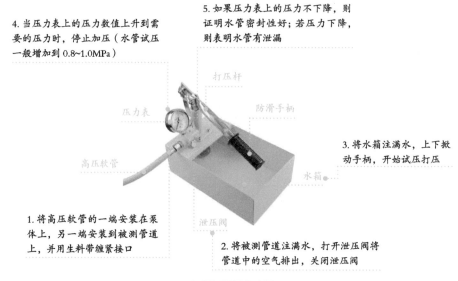

4. 当压力表上的压力数值上升到需要的压力时，停止加压（水管试压一般增加到 0.8~1.0MPa）

5. 如果压力表上的压力不下降，则证明水管密封性好；若压力下降，则表明水管有泄漏

打压杆

压力表

防滑手柄

3. 将水箱注满水，上下掀动手柄，开始试压打压

高压软管

水箱

泄压阀

1. 将高压软管的一端安装在泵体上，另一端安装到被测管道上，并用生料带缠紧接口

2. 将被测管道注满水，打开泄压阀将管道中的空气排出，关闭泄压阀

△ 打压泵操作步骤

（2）打压泵操作注意事项

- 不宜在有酸碱、腐蚀性物质的工作场合使用。

- 测试压力时，应使用清水，避免使用含有杂质的水进行测试。

- 在试压过程中若发现任何细微的渗水现象，应立即停止试压并进行检查和修理，严禁在渗水情况下继续加大压力。

- 试压完毕后，应先松开放水阀，使压力下降，以免损坏压力表。

● 试压泵不用时，应放尽泵内的水，倒入少量机油，防止锈蚀。

2.5 技能5：万用表的使用方法

（1）指针万用表介绍

指针万用表的刻度盘上共有七条刻度线，从上往下分别是：电阻刻度线、电压电流刻度线、10V 电压刻度线、晶体管 β 值刻度线、电容刻度线、电感刻度线以及电平刻度线。

△ 指针万用表结构

（2）数字万用表介绍

数字万用表是一种多用途电子测量仪器，一般包含安培计、电压表、欧姆计等功能，有时也称为万用计、多用计、多用电表或三用电表。

△ 数字万用表结构

（3）万用表的测量与读取方法

指针万用表各种数据的测量方法见下表。

名称	内容
交流电压的测量	开关旋转到交流电压挡位，把万用表并联在被测电路中，若不知被测电压的大概数值，需将开关旋转至交流电压最高量程上进行试探，然后根据情况调挡
直流电压的测量	进行机械调零，选择直流量程挡位。将万用表并联在被测电路中，注意正负极，测量时断开被测支路，将万用表红、黑表笔串接在被断开的两点之间。若不知被测电压的极性及数值，需将开关旋转至直流电压最高量程上进行试探，然后根据情况调挡
直流电流的测量	旋转开关选择好量程，根据电路的极性把万用表串联在被测电路中
电阻的测量	把开关旋转到 Ω 挡位，将两根表笔短接进行调零，随后即可进行测量

标度尺的读取方法见下表。

名称	内容
交流、直流标度尺的读取	根据所选择的挡位，指针所指示的数字乘以相应的倍率就是测量出的数据，当表针位于两个刻度间的某个位置时，应将两个刻度的距离等分后再估算数值
电阻（单位为 Ω）标度尺的读取	根据选择的挡位乘以相应的倍率，即数值 × 挡位。电阻标度尺的刻度为非均匀刻度，即越向左数值越小，反之越大，当指针位于两个刻度间的某个位置时，需要根据左边与右边刻度缩小或扩大的趋势来估算数值

（4）万用表操作要点

- 红色表笔接到红色接线柱或标有"+"极的插孔内，黑色表笔接到黑色接线柱或标有"—"极的插孔内。
- 把量程选择开关旋转到相应的挡位与量程。
- 两表笔不接触断开，看指针是否位于"∞"刻度线上，如果不位于"∞"刻度线上，需要调整。
- 将两支表笔互相碰触短接，观察"0"刻度线，表针如果不在"0"位，则需要机械调零。
- 选择合适的量程挡位即可开始。

2.6 技能 6：兆欧表的使用方法

（1）兆欧表介绍

兆欧表又称摇表，主要用来检查电气设备的绝缘电阻，判断设备或线路有无漏电，判断是否有绝缘损坏或短路现象。

△ 兆欧表结构

（2）兆欧表使用注意事项

● 测量前必须将被测设备的电源切断，并接地放电。绝不能在设备带电的情况下进行测量，以保证人身和设备的安全。对可能感应出高压电的设备，必须在消除这种可能性后，才能进行测量。

● 被测物表面要清洁，减少接触电阻，确保测量结果的正确性。

● 测量前应将兆欧表进行一次开路和短路试验，检查兆欧表性能是否良好。即在兆欧表未接上被测物之前，摇动手柄使发电机达到额定转速（120r/分钟），观察指针是否指在标尺的"∞"位置。将接线柱"L"和"E"短接，缓慢摇动手柄，观察指针是否指在标尺的"0"位。如指针不能指到正确的位置，表明兆欧表有故障，应检修后再用。

● 兆欧表使用时应放在平稳、牢固的地方，且远离大的外电流导体和外磁场。

● 摇测时将兆欧表置于水平位置，手柄转动时其端钮间不许短路。摇动手柄应由慢渐快。若发现指针指零，则说明被测绝缘物可能发生了短路，这时不能继续摇动手柄，以防表内线圈发热损坏。

● 读数完毕后应将被测设备放电。放电方法是将测量时使用的地线从兆欧表上取下来与被测设备短接一下（不是兆欧表放电）。

2.7 技能7：切割机的使用方法

（1）切割机介绍

切割机的重量大、切割精度高、管口处理细腻，常用来切割排水管道。切割机操作简单，实用性强，已经代替了传统的钢锯切割。

△ 切割机结构

△ 驼背尺锯片

△ 平齿锯片

△ 无齿圆锯片

（2）切割机使用注意事项

- 带好护目镜、口罩以及手套。
- 检查锯片的松紧度、操作台的稳固度。
- 先启动主机，再按工作按钮。
- 开始切削时，速度要慢，等锯片全部进去后，可加快切削速度。
- 不可长时间切割作业，需控制锯片的温度。

（3）切割机选购技巧

① 听噪声区分电机的好坏

好的切割机，电机发出的声音均匀的、一致的，不会有刺耳的声音；质量较差的切割机，噪声比较大。

② 根据切割材料进行选择

切割机有金属材料切割机与非金属材料切割机两种，用在家装水管上的切割机，应当买非金属材料切割机。

③ 看切割机的转速

不是转速越快的切割机，质量就越好，而是应当看转速是否均匀有力。

第3章
认识重点水电材料，掌握购买技巧

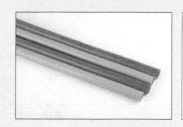

- ◆ 排水管与给水管的特点
- ◆ 各类电线的图片讲解
- ◆ 穿线管的形式
- ◆ 开关、插座的类别
- ◆ 防水涂料的特点
- ◆ 家用水表和阀门

3.1 PVC 排水管的介绍与选购

（1）PVC 排水管特点

PVC 排水管的抗拉强度较高，有良好的抗老化性，使用年限可达 50 年。管道内壁的阻力系数很小，水流顺畅，不易堵塞。PVC 管材、管件之间可直接粘接，施工方法简单，操作方便，安装工效高。

PVC 排水管的表面一般都比较光滑

PVC 排水管上面的黑字表示产地、型号、标准等级等信息

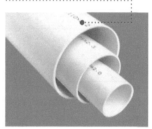

△ PVC 排水管

（2）PVC 排水管规格

公称外径 /mm	内径 /mm	壁厚 /mm	选用
50	46	2.0	洗脸盆、洗菜槽、浴缸等排水支管
75	71	2.0	洗脸盆、洗菜槽等排水横管
110	104	3.0	坐便器连接口，洁具排水横管、立管
160	152	4.0	立管
200	190.2	4.9	

（3）PVC 排水管配件

△ 45° 弯头（带检查口）

△ 45° 弯头

△ 45° 斜三通

△ 90° 弯头

△ P 型存水弯

△ S 型存水弯

△ 立管检查口　　　　　△ 立体四通　　　　　△ 盘式吊卡

△ 90° 弯头（带检查口）　△ 承插存水弯（带检查口）　△ 瓶型三通

（4）PVC 排水管选购技巧

① 看外观着色程度

最常见的 PVC 管颜色为乳白色且着色均匀，内外壁均比较光滑；而不合格的 PVC 管颜色特别白（或者发黄），且着色不均匀、较硬，外壁光滑但内壁粗糙，有针刺或小孔。

② 检查柔韧性

将其锯成窄条后，弯折 180°，如果一折就断，说明韧性差；费力才能折断的管材，强度、韧性佳。还可观察断茬处，茬口越细腻，说明管材的均一性、强度和韧性越好。

③ 检测抗冲击性

可选择室温接近 20℃的环境，锯成 200mm 长的管段，用铁锤猛击，好的管材，用人力很难一次击破。

3.2 PPR 给水管的介绍与选购

（1）PPR 给水管介绍

PPR 管即三型聚丙烯管，可以作为冷水管，也可作为热水管。PPR 管耐腐蚀、强度高、内壁光滑不结垢、使用寿命可达 50 年，是目前家装市场中使用最多的管材。

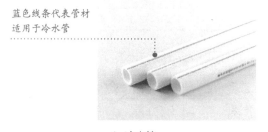

蓝色线条代表管材
适用于冷水管

△ 冷水管

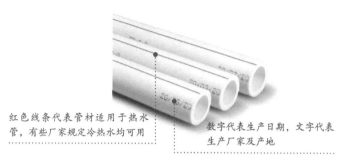

红色线条代表管材适用于热水管，有些厂家规定冷热均可用

数字代表生产日期，文字代表生产厂家及产地

▲ 热水管

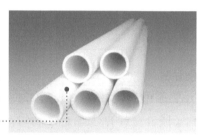

没有任何标识的管材是不合格产品，使用没有保障

▲ 无标识水管

（2）PPR 给水管基础知识

PPR 给水管有五种尺寸，分五个系列，分别是 S5、S4、S3.2、S2.5 和 S2，如下表所示。

公称外径（De）/mm	S5	S4	S3.2	S2.5	S2
	公称壁厚（en）/mm				
20	2.0	2.3	2.8	3.4	4.1
25	2.3	2.8	3.5	4.2	5.1
32	2.9	3.6	4.4	5.4	6.5
40	3.7	4.5	5.5	6.7	8.1
50	4.6	5.6	6.9	8.3	10.1
63	5.8	7.1	8.6	10.5	12.7
75	6.8	8.4	10.3	12.5	15.1
90	8.2	10.1	12.3	15	18.1
110	10.0	12.3	15.1	18.3	22.1

PPR 管管径公英值对照如下表所示。

俗称	直径 /in	公称直径（DN）/mm	公称外径（De）/mm
4分	0.5	15	20
6分	0.75	20	25

俗称	直径 /in	公称直径（DN）/mm	公称外径（De）/mm
1寸	1	25	32
1寸2	1.25	32	40
1寸半	1.5	40	50
2寸	2	50	63
2寸半	2.5	65	75
3寸	3	80	90
4寸	4	100	110

注：1英寸 =25.4mm=8 英分，俗称 8 分。所以直径为 0.5 英寸的管一般称为四分管。

（3）PPR 给水管配件

常见 PPR 给水管配件如下表所示。

图示	名称	说明
	直接接头	直线连接两根水管
	异径直接接头	直线连接两根粗细不同的水管
	等径 90° 弯头	用于转弯处，连接两个相同规格的水管
	等径 45° 弯头	用于转弯处，连接两个相同规格的水管
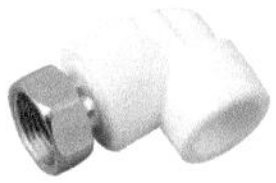	活接内牙弯头	用于水表以及热水器的衔接，一端连接 PPR 管，一端连接外螺纹管件
	承口内螺纹三通	两端连接 PPR 管，一端连接外螺纹管件
	承口外螺纹三通	两端连接 PPR 管，一端连接内螺纹管件

图示	名称	说明
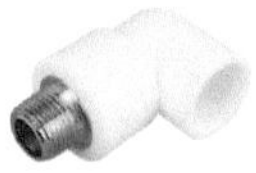	90°承口外螺纹弯头	一端连接 PPR 管，一端连接内螺纹管件
	90 度承口内螺纹弯头	一端连接 PPR 管，一端连接外螺纹管件
	16 过桥弯头	当两个管道交叉时，用过桥将其错开
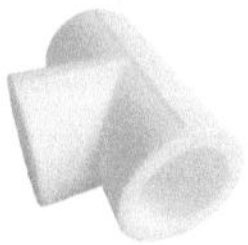	等径三通	三端连接相同规格的 PPR 管
	异径三通	两端连接相同规格的 PPR 管，一端连接异径的 PPR 管
	双联内丝弯头	适用于淋浴器、浴缸混合龙头的连接。一端连接 PPR 管，一端连接外螺纹管件
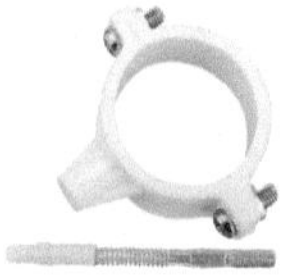	管夹	用来固定水管，约 800mm 布置一个

（4）PPR 给水管选购技巧

① 触摸

好的 PPR 水管由 100% 的 PPR 原料制成，质地纯正，手感柔和，而颗粒粗糙的 PPR 水管很可能掺了杂质。

② 闻气味

好的管材没有气味，次品掺了聚乙烯，会产生异味。

③ 捏管材

PPR 管具有不错的硬度，用力捏会变形的 PPR 管为次品。

④ 量壁厚

根据各种管材的规格，用游标卡尺测量壁厚，好的产品应符合标准壁厚规格。

⑤ 听声音

将管材从高处摔落，好的 PPR 管声音较沉闷，次品声音较清脆。

⑥ 燃烧测试

次品因为有杂质会冒黑烟，有刺鼻气味，合格产品不会冒黑烟且无刺鼻气味，并且熔出的液体无杂质。

3.3　塑铜线的介绍与选购

（1）塑铜线介绍

塑铜线即塑料铜芯电线，适用于交流电压 450/750V 及以下动力装置、日用电器、仪器仪表及电信设备的线路。一般包括如下表所示的几种类型。

图示	名称	说明
	BVR 铜芯聚氯乙烯塑料软线	19 根以上铜丝绞在一起的单芯线，比 BV 软；用于固定线路敷设
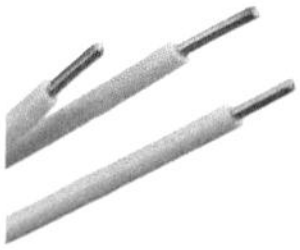	BV 铜芯聚氯乙烯塑料单股硬线	由 1 根或 7 根铜丝组成的单芯线；用于固定线路敷设
	RV 铜芯聚氯乙烯塑料软线	由 30 根以上的铜丝绞在一起的单芯线，比 BVR 更软；用于灯头和移动设备的引线
	RVV 铜芯聚氯乙烯软护套线	由 2 根或 3 根 RV 线用护套套在一起组成；用于灯头和移动设备的引线
	RVS 铜芯聚氯乙烯绝缘绞型连接用软电线	2 根铜芯软线成对扭绞无护套；用于灯头和移动设备的引线
	RVB 铜芯聚氯乙烯平行软线	无护套平行软线，俗称红黑线；用于灯头和移动设备的引线

（2）塑铜线功率说明

截面积 / mm²	功率（220V）/W	功率（380V）/W	截面积 /mm²	功率（220V）/W	功率（380V）/W
1（13A）	2900	6500	4（34A）	7600	17000
1.5（19A）	4200	9500	6（34A）	10000	22000
2.5（26A）	5800	13000	10（34A）	13800	31000

（3）家用塑铜线规格及用处

型号	规格 /mm²	用处
BV、BVR	1	照明线
BV、BVR	1.5	照明、插座连接线
BV、BVR	2.5	空调、插座用线
BV、BVR	4	热水器、立式空调用线
BV、BVR	6	中央空调、进户线
BV、BVR	10	进户总线

（4）塑铜线选购技巧

● 质量好的塑铜线一般盘型整齐，包装良好，合格证上商标、厂名、厂址、电话、规格、截面、检验员等信息齐全并印字清晰。

● 打开包装简单看一下里面的线芯，比较相同标称不同品牌电线的线芯，线皮较厚的质量一般较差。然后用力扯一下线皮，不容易扯破的质量相对较好。

● 将电线点燃后，移开火源，5秒内熄灭的、有一定阻燃功能的一般质量较好。

● 内芯（铜质）的材质，越光亮越软，铜质越好。国标要求内芯一定要用纯铜。

● 国家规定线上一定要印有相关标志，如产品型号、单位名称等，标志最大间隔不超过50cm，印字清晰、间隔匀称的一般为大厂家生产的国标线。

3.4 网线的介绍与选购

（1）网线介绍

网线多指双绞线，它是连接电脑和上网设备的电缆线。常用的网线见下表。

图示	名称	说明
	5类双绞线	表示为cat5，带宽100Mbit/s，适用于百兆以下的网络
	超5类双绞线	表示为cat5e，带宽155Mbit/s，为目前的主流产品
	6类双绞线	表示为cat6，带宽250Mbit/s，用于架设千兆网

网线根据是否带隔离膜，又分为UTP和STP两种，具体如下表所示。

型号	名称	特点	图示
UTP	非屏蔽双绞线	无屏蔽外套，直径小，节省所占用的空间；重量轻，易弯曲，易安装；具有阻燃性；能够将近端串扰减至最小或加以消除	
STP	屏蔽双绞线	线的内部有一层金属隔离膜，在数据传输时可减少电磁干扰，稳定性较高	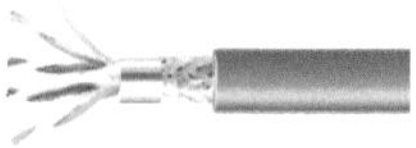

（2）自制网线的方法

步骤一		用压线钳将双绞线一端的外皮剥去3cm，然后按EIA/TIA 568B标准顺序将线芯顺直并拢
步骤二		将线芯放到压线钳切刀处，8根线芯要在同一平面上并拢，而且尽量直，留下一定的线芯长度（约为1.5cm）并剪齐

步骤三		将双绞线插入 RJ45 水晶头中，插入过程力度均衡直到插到尽头，并且检查 8 根线芯是否已经全部充分、整齐地排列在水晶头里
步骤四		用压线钳用力压紧水晶头，随后抽出水晶头，网线的一端就制作完成，用同样方法制作网线另一端
步骤五		最后把网线的两头分别插到网络测试仪上，打开测试仪开关，如果网线正常，则两排指示灯应同步亮起，如果有指示灯没同步亮起，则证明该线芯连接有问题，应重新制作

（3）网线选购技巧

● 正品 5 类线塑料皮上印刷的字符非常清晰、圆滑，基本上没有锯齿状。次品上的字迹印刷质量较差，有的字体不清晰，有的呈严重锯齿状。

● 正品线质地比较软，而一些不法厂商在生产时为了降低成本，会在铜中添加其他的金属，做出来的导线比较硬，不易弯曲。

● 用剪刀去掉一小截塑料包皮，4 对芯线中白色的那条不应是纯白的，而是带有与之成对的那条芯线颜色的花白，如果是纯白则为次品。

● 可以将双绞线放在高温环境中测试一下（如用火烧），在 35℃~40℃时，观察网线外面的胶皮会不会变软。正品阻燃性佳，不会变软。

3.5 电话线的介绍与选购

（1）电话线介绍

电话线就是电话的进户线，分为二芯、四芯和六芯。导体材料分为铜包钢、铜包铝以及全铜三种，全铜线芯的电话线效果最好。常用电话线见下表。

图示	名称	说明
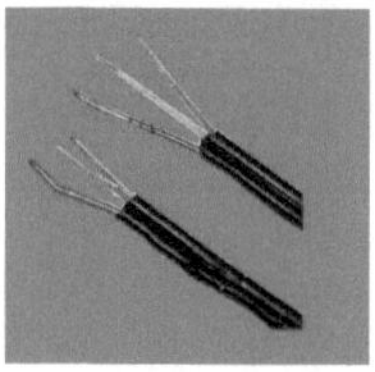	铜包钢线芯	线比较硬，不适合用于外部架线，容易断芯。但是埋在墙里可以使用，只能近距离使用

图示	名称	说明
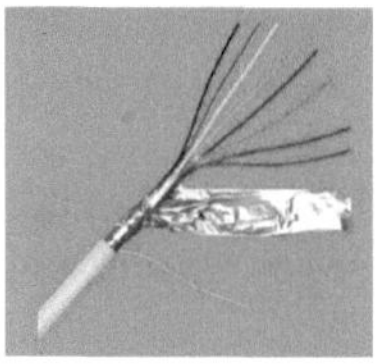	铜包铝线芯	线比较软，容易断芯。可以埋在墙里，也可以墙外架线
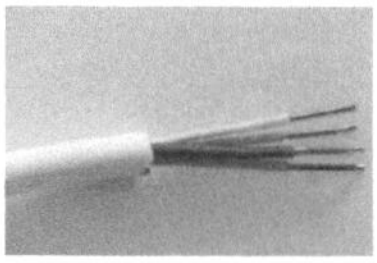	全铜线芯	线软，可以埋在墙里，也可以墙外架线，可以用于远距离传输

（2）电话线选购技巧

● 电话线常见芯数有二芯、四芯和六芯三种，普通电话使用二芯即可，传真机或能拨号上网的电话需使用四芯或六芯。辨别芯材时可以将线弯折几次，容易折断表明铜的纯度不高，反之则纯度较高。

● 质量好的电话线外面的护套是用纯度高的聚氯乙烯制成的，用手撕不动，能够很好地保护线芯，而劣质的电话线护套则容易撕下来。

3.6 TV 线的介绍与选购

（1）TV 线介绍

TV 线的正规名称为 75Ω 同轴电缆，主要用于传输视频信号，能够保证高质量的图像接收。一般型号表示为 SYWV，国标代号是射频电缆，特性阻抗为 75Ω。

▲ TV 线结构　　　　　　　　　　　▲ TV 线外观

（2）TV 线选购技巧

● 选购 TV 线时，首先要求是正规厂家生产的产品。其次看线体，线体由铜芯、绝缘层、屏蔽层和保护套组成。

● 铜芯的标准直径为 1mm，铜的纯度越高，铜色越亮越好；绝缘层坚硬光滑，手捏不会扁；网状屏蔽层要紧密，覆盖完全；好的保护套是用优质的聚氯乙烯制成的，用手撕不动。

3.7 穿线管的介绍与选购

（1）穿线管介绍

穿线管全称为"建筑用绝缘电工套管"。通俗地讲，它是一种白色的硬质 PVC 胶管，可以防腐蚀、防漏电，用来布置电线用的管子。

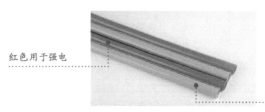

红色用于强电

蓝色用于弱电

△ 常见的穿线管

（2）穿线管选购技巧

● 合格的产品管壁上会印有生产厂家标记和阻燃标记，没有这两种标记的管不建议购买。

● 穿线管产品规格分为轻型、中型、重型三种，家用穿线管一般不宜选择轻型管。管的外壁应光滑、无凸棱、无凹陷、无针孔、无气泡，内、外径尺寸应符合标准，管壁厚度应均匀一致。

● 用火烧管体，离火后 30 秒内自动熄灭，证明阻燃性佳。

● 在管内穿入弹簧，弯曲 90°（弯曲的半径为管直径的 3 倍），外观光滑的为合格品。

● 用重物敲击管体，变形后应无裂缝。

3.8 PVC 螺纹管的介绍与选购

（1）PVC 螺纹管介绍

PVC 螺纹管可分为单壁螺旋管和双壁螺旋管两种类型。螺纹管能随意弯曲，具有较强的拉伸强度和剪切强度，螺旋构造可以起到加强作用，使其具有较好的耐压强度。在许多场合，它能代替金属管、铁皮风管及实壁塑料管使用。

△ PVC 螺纹管

（2）PVC 螺纹管选购技巧

● 内、外壁应光滑，除了本身的螺纹，没有其他的凹陷、凸出部位，无针孔、无气泡，内、外径尺寸应符合标准，管壁厚度均匀一致。

● 用火烧管体，离火后 30 秒内自动熄灭，证明阻燃性佳。

● 抗压能力应强，重压后不易变形、开裂。

● 弯曲后应光滑，不应有不圆滑的转角。

3.9 黄蜡管的介绍与选购

（1）黄蜡管介绍

黄蜡管的学名为聚氯乙烯玻璃纤维软管，主要原料是玻璃纤维，通过拉丝、编织、加绝缘清漆后制成，具有良好的柔软性、弹性。在布线（网线、电线、音频线等）过程中，如果需要穿墙，或者暗线经过梁柱的时候，导线需要加护，就会使用黄蜡管来实现。

△ 黄蜡管

△ 黄蜡管穿墙施工

（2）黄蜡管选购技巧

表面应平整光滑、光亮、颜色鲜艳，涂层不得开裂、脱落、起层，套管不能出现发黏现象，套管壁之间也不应粘连。不能出现变色、气泡、软化、油污等影响正常使用的现象。

3.10 开关的介绍与选购

（1）开关种类

常见开关如下表所示。

图示	名称	说明
	单控翘板开关	有单控单联、单控双联、单控三联、单控四联等多种形式

图示	名称	说明
	双控翘板开关	有双联单开、双联双开等多种形式
	调光开关	可调节改变灯泡的亮度，并使其开启或关闭
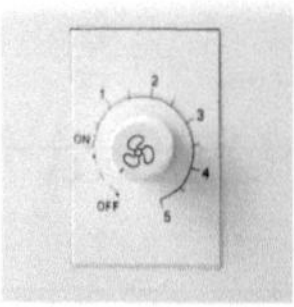	调速开关	可调节改变电风扇的转速，以及开关电风扇
	延时开关	按下开关后，电器可延时关闭
	定时开关	可设定开关关闭后，电器关闭的时间
	红外线感应开关	当人进入开关感应范围时，开关会自动打开，人离开后，开关会延时自动关闭
	触摸开关	轻轻点按开关按钮就可使开关接通，再次触碰时会切断电源

（2）开关选购技巧

● 优质开关面板采用的是高级塑料，表面色泽均匀、光洁有质感。质量好的产品外观平整，做工精细，无毛刺，色泽透亮。

● 面板的材料主要有 PC 和 ABS 两种，PC 料为象牙白色，质量较好，属于中高档开关常用料；ABS料颜色略苍白，质量比PC料差，属于低档开关常用料。

● 开关的绝缘性非常重要，可以将材料烧一下，合格产品在离开火的外焰时没有火苗，为阻燃材料，而劣质产品则会继续燃烧。

● 所有的开关从前面看都是大板，但有的厂家为了节省成本，在背面会用小豆开关的功能件来代替，好的开关背面也应该是大板。

● 高品质的开关，触点材料有纯银和银锂合金两种。银的导电性非常好，但熔点低。因此有些厂商采用银锂合金，既保证了良好的导电性，又提高了熔点和硬度。

3.11 插座的介绍与选购

（1）插座种类

常见插座见下表所示。

图示	名称	说明
	多孔插座	家庭常用的有三孔插座、四孔插座和五孔插座三种
	带开关的多孔插座	插座用来安插电器电源，而开关可以控制电路的开启或关闭
	多功能五孔插座	其中三孔可以接两头插头、三头插头，也可以接进口电器插头
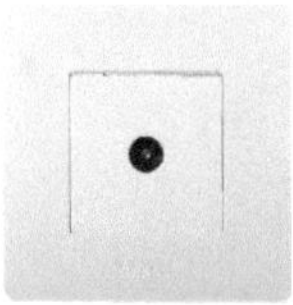	电视插座	有线电视系统输出口
	网络插座	用来连接网线

图示	名称	说明
	电话插座	用来连接电话线
	地面插座	有一个弹簧的盖子，使用时打开，插座面板会弹出来，不使用时关闭，可以将插座面板隐藏起来
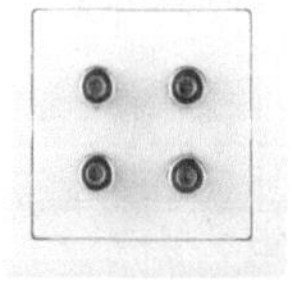	音响插座	用来接通音响设备

（2）插座选购技巧

● 正规、质量合格的插座，其背面都会标明额定电压、额定电流、电源性质符号、生产厂家、商标和 3C 标志，缺少这些标志的插座不建议购买。

● 插座的内部金属多为铜，好的插座要保证铜材有一定的厚度，可以用插头插入其中，看插拔力度是否适中，接着用手掂一下，好的插座偏重一些。

● 优质插座采用锡磷青铜片，呈紫红色，质地较硬；如果使用的是黄铜片，则呈明黄色，质地软。若弹片黄中泛白，则表明铜含量低，可以用磁铁测试，纯铜不会被吸住。

● 质量好的插座功能件使用的都是铜螺钉，差一点的是镀铜螺钉，也属于合格品。但有的厂家为了节省成本会使用铁螺钉，性能方面就相差很多。

● 仔细查看产品包装，应有详细的生产厂家或供应商的地址、电话，内有使用说明书和合格证（包括 3C 认证及额定电流、额定电压），而且会对产品质量进行有效质保。

3.12 暗装底盒的介绍与选购

（1）暗装底盒介绍

暗装底盒也叫线盒，原料为 PVC，安装时需预埋在墙体中。安装电器的部位与线路分支或导线规格改变时就需要安装线盒。电线在盒中完成穿线后，上面可以安装开关、插座的面板。

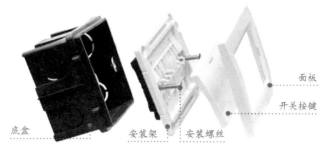

面板

开关按键

底盒　　安装架　安装螺丝

△ 暗装底盒结构

（2）暗装底盒种类

● 86 型（匹配 86 型的开关插座，有单底盒、双联底盒两种）。标准尺寸为 86mm×86mm，非标尺寸有 86mm×90mm、100mm×100mm 等。

△ 单底盒　　　　　　　　　　　△ 双联底盒

● 118 型（匹配 118 型的开关插座，有四联底盒、三联底盒、单底盒三种）。标准尺寸为 118mm×74mm，非标尺寸有 118mm×70mm、118mm×76mm 等。另外还有 156mm×74mm、200mm×74mm 等多位联体底盒。

△ 四联底盒

● 120 型（匹配 120 型的开关插座，有大方底盒、小底盒两种尺寸）。标准尺寸为 120mm×74mm，还有 120mm×120mm 等。

（3）暗装底盒选购技巧

● 底盒款式的选择取决于开关插座的类型。开关插座是通过螺丝安装固定在暗盒上的，如果开关插座的螺丝孔和底盒的螺丝孔对不上，那么开关插座就无法安装。

● 选购时建议选择大品牌的底盒，正规品牌一般都可以信任。好的底盒采用 PVC 原生料生产，厚度大、金属件牢固、防火等级高。而有些小厂的产品直接用再生料来生产，盒体非常脆，容易断裂且易燃。

3.13 水表的介绍与选购

（1）水表常见类型

① 按测量原理分类

● 速度式水表：即安装在封闭管道中，由一个运动元件组成，并通过水流运动使其获得动力速度的水表。典型的速度式水表有旋翼式水表和螺翼式水表。

△ 旋翼式水表

△ 螺翼式水表

类型	水表口径 /mm	月流量 /m³
旋翼式	15	1 ~ 300
	20	150 ~ 450
	25	200 ~ 600
	40	500 ~ 1800
	50	900 ~ 2700
螺翼式	80	3000 ~ 12000

● 容积式水表：即安装在管道中，由一些被逐次充满和排放流体的已知容积的容室和凭借流体驱动的机构组成的水表，或简称定量排放式水表。

② 按安装方向分类

● 水平安装水表：安装时其流向水平，水表的度盘上一般标有 "H"。水表名称不指明时，一般为水平安装水表。

● 竖直安装水表：又称立式水表，安装时其流向垂直于水平面，水表的度盘上一般标有 "V"。

△ 容积式水表

△ 立式水表

③ 按计数器的指示形式分类

按计数器的指示形式，可分为指针式、字轮式和指针字轮组合式水表。

△ 指针字轮组合式水表

（2）水表选购技巧

● 家用水表以字轮式最佳，它读数清晰、抄读方便。在北方，由于很多水井中的水表比较深，故安装指针式水表更好。

● 速度式水表受水质影响要小一些，而容积式水表则对水质的要求比较高。

● 先对通常情况下所使用流量的大小和范围进行估算，再选择与常用流量值最接近的规格。此规格的水表在常用流量下工作的稳定性和耐用性是最佳的，比较符合设计要求。

3.14 阀门的介绍与选购

（1）阀门常见类型

● 蹲便器冲洗阀：即用于冲洗蹲便器的阀门，分为脚踏式、旋转式、按键式等。

△ 脚踏式冲洗阀

△ 旋转式冲洗阀

△ 按键式冲洗阀

● 截止阀：即一种利用装在阀杆下的阀盘与阀体突缘部位相密封，达到关闭、开启目的的阀门，分为直流式、角式、标准式，还可分为上螺纹阀杆截止阀和下螺纹阀杆截止阀。

● 三角阀：管道在三角阀处呈 90°的拐角形状，三角阀起到转接内外出水口、调节水压的作用，还可作为控水开关，分为 3/8（3 分）阀、1/2（4 分）阀、3/4（6 分）阀等。

△ 截止阀

● 球阀：球阀用一个中心开孔的球体作阀心，通过旋转球体控制阀的开启与关闭，来截断或接通管路中的介质，分为直通式、三通式及四通式等。

△ 三角阀

△ 球阀

（2）阀门选购技巧

● 选购时观察阀门的外表，表面应无砂眼；电镀层应光泽均匀、细密、光滑，无流挂、脱皮、龟裂、烧焦、露底、剥落、黑斑及明显的麻点等缺陷。上述缺陷会直接影响阀门的使用寿命。

● 阀门的管螺纹需要与管道连接的，在选购时应目测螺纹表面有无凹痕、断牙等明显缺陷。特别要注意的是，管螺纹与连接件的旋合有效长度将影响阀门密封的可靠性，因此在选购时要注意管螺纹的有效长度。

● 选购阀门时除了应注意质量外，还应清楚所需要的阀门类和结构，不同种类的阀门有不同的结构和规格。

3.15 空气开关的介绍与选购

（1）空气开关介绍

空气开关，又名空气断路器，是一种只要电路中超过额定电流就会自动断开的开关。空气开关是低压配电网络和电力拖动系统中非常重要的一种电器，它集控制和多种保护功能于一身。

△ 空气开关

△ 断路器

（2）空气开关选购技巧

● 空气开关的额定电流如果选择偏小，容易频繁跳闸，引起不必要的停电；如果选择过大，又达不到预期的保护效果，因此正确选择额定容量的电流很重要。

● 家庭常用的、合格的空气开关的重量应在85g以上，如果称重后符合这一标准，则可以放心购买；重量在80g到85g之间的空气开关，要谨慎购买；重量低于80g的空气开关，不建议购买。

● 购买时注意查看空气开关表面是否印有IEC标志和标准，GB10963等标志以及防伪标志和字体的区分。

● 建议购买大品牌的产品，若购买不知名品牌的产品，可以先购买一个回家拆开，如果里面的线圈数量很少，无法在安全时间内脱扣，则其不能保证使用安全。

● 所有电料的阻燃性能都是一项重要的安全指标。按照相关标准，开关左下方应安装有隔热板，外壳也应该使用阻燃材料，不合格产品阻燃性差。

3.16 防水涂料的介绍与选购

（1）防水涂料的种类

● 聚氨酯防水涂料能与各种基面粘接牢固，具有对基面的震动、胀缩、变形、开裂适应性强等优点，是最常用的防水涂料，但是其环保性难以控制。

● 丙烯酸酯防水涂料环保性好、防水性能优，施工十分方便，开盖即用，可适应各种复杂防水基面，能与裂缝紧密结合，可在潮湿基面上施工。

● JS 防水涂料是水溶性的涂料，无毒无味，属于环保型防水涂料。其拉伸强度高，与基层或瓷砖粘接牢固，耐水、耐候性好，可在潮湿基面上施工。

● K11 防水涂料主要有通用型、柔韧性和彩色三种，它与混凝土及砂浆基面有良好的附着力，能在潮湿、干燥等多种基面上施工，耐老化、耐油污。

（2）防水涂料的选购技巧

① 看存放一定时间后的溶液变化

质量好的涂料，其保护胶水溶液呈无色或微黄色，且较清晰；而质量差的涂料，其保护胶水溶液呈混浊态，明显地呈现与花纹彩粒同样的颜色。

② 看漂浮物

质量好的涂料，在保护胶水溶液的表面，通常是没有漂浮物的，有时有极少的颗粒漂浮物，属正常现象；但若漂浮物数量多，甚至有一定厚度，就不正常了。

③ 看粒子度

取一透明的玻璃杯，盛入半杯清水，然后取少许涂料，放入玻璃杯的水里搅动。质量好的涂料，杯中的水仍清晰见底，粒子在清水中相对独立，且粒子的大小很均匀。

④ 看价格效果

质量好的涂料，均由正规生产厂家按配方生产，价格适中；而质量差的涂料，有的在生产中偷工减料，有的甚至是个人仿冒生产，成本低，销售价格比质量好的涂料要便宜得多。

第4章
深入水路施工现场

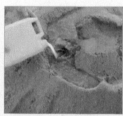

◆ 解读水路施工步骤

◆ 水路洁具安装技巧

◆ 步骤化地讲解定位、开槽、打压测试等项目

4.1 家装施工流程一览

家装施工流程大体可分为三个阶段。

（1）土建阶段：包括墙体拆改、水电改造、瓦工砌筑、木工搭建、墙面刷漆等。

△ 水路铺装施工

（2）安装阶段：包括厨卫吊顶、橱柜安装、木门安装、地板安装、铺贴壁纸、散热器安装、开关插座安装、灯具安装、窗帘杆安装、五金洁具安装等。

△ 地板安装

（3）收尾阶段：包括保洁、家具进场、家电安装、软装配饰进场等。

△ 空调安装

4.2 解读水路施工步骤

（1）水路施工步骤一览

水路定位→材料进场→画线→开槽→管路加工→铺管道→打压测试→封槽→做防水→闭水试验。

（2）施工项目解读

① 水路定位

水路定位应当从进户水管的位置开始，先定位厨房与卫生间，再定位其他空间。

在水路定位中，应计划出水管的走向（包括墙面、地面），标记出用水设备的尺寸、高度，并区分冷热水管、进出水口的位置。

△ 粉笔定位

② 材料进场

材料进场时需要装修工人、业主以及设计师同时在场，对材料的品牌、质量进行验收，不合格的应及时退换。

材料的摆放位置应集中在客厅、餐厅等面积较大的区域，摆放在中间位置，并对管材、电线等材料进行分类摆放。

材料表面的保护膜应当保护好，避免管材、电线等受到损伤。

△ 材料堆放

③画线

墙面只能竖向或横向画线，不允许斜向画线；地面画线需靠近墙边，转角需保持90°，画线的宽度比管材宽10mm。

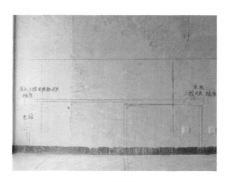

▲ 画线标记

④开槽

开槽要求横平竖直，尽量竖开，减少横开。开槽宽度保持在40mm，深度保持在20~25mm，冷热水管开槽间距保持在200mm。

▲ 水路开槽

⑤管路加工

管路加工包括PPR给水管和PVC排水管的加工，其中PPR给水管的加工由热熔连接完成，而PVC排水管的加工则由切割加胶水粘接完成。

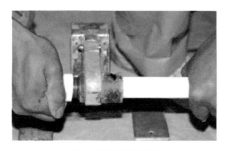

▲ 给水管热熔连接

⑥ 铺管道

管道铺装时，按照冷热水管的走向，将管路连接，管件和管路、管路和管路之间用热熔的方式连接，管路用管夹固定，避免晃动、移位。

△ 铺装水管

⑦ 打压测试

所有水管焊接完成后，进行打压测试。用堵头封住水管，关闭进水总管的阀门。测试时间为 1 小时，压力下降不超过 0.2~0.5MPa 为合格。

△ 打压测试

⑧ 封槽

封槽通常采用 1∶2 的水泥砂浆，高度与墙和地面持平，不可凸起，不可凹陷。

△ 水泥封槽

⑨ 做防水

卫生间、厨房以及阳台均需要做防水，涂刷 2~3 遍，每一遍都需要表面干了之后，才能涂刷下一遍。

△ 涂刷防水

⑩ 闭水试验

闭水时间要满足 24 小时。在做试验之前，应当先将卫生间门口封住，再把坐便器、地漏下水口全部堵住。

做墙面的闭水试验时，可采用水浇的方式，检查侧墙是否有渗水情况。

△ 闭水试验

4.3 厨卫水路布局图解

（1）卫生间水路布局

卫生间的地漏位置
需隐藏在角落处

洗脸盆的地漏，需
要隐藏在柜体下
面，离排水立管较
近的位置

坐便器下水轻
易不要改动

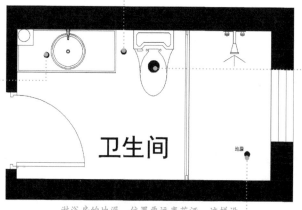

卫生间

地漏

淋浴房的地漏，位置要远离花洒，这样设
计可使水流冲刷地面，清除地面污垢

▲ 卫生间平面图

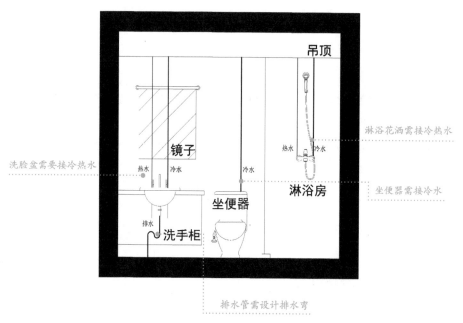

吊顶

镜子

淋浴花洒需接冷热水

洗脸盆需要接冷热水

热水   冷水

冷水

坐便器需接冷水

淋浴房

坐便器

排水   洗手柜

排水管需设计排水弯

▲ 卫生间立面图

（2）厨房水路布局

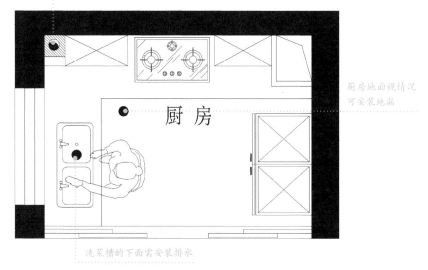

厨房排水立管

厨房地面视情况
可安装地漏

厨房

洗菜槽的下面需安装排水

△ 厨房平面图

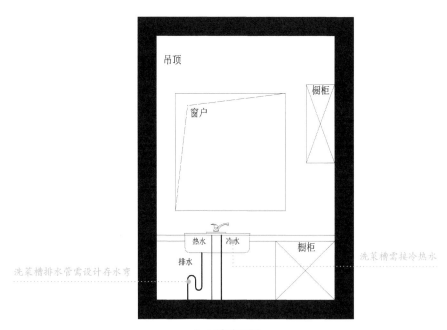

吊顶

窗户

橱柜

热水　冷水

橱柜

排水

洗菜槽需接冷热水

洗菜槽排水管需设计存水弯

△ 厨房立面图

4.4 给水管与排水管的施工要求

（1）给水管施工标准

● 饮用水不要与非饮用水管道连接，防止污染。

● 安装时，避免冷热水管的交叉铺设。如遇到必要交叉需用绕曲管连接。

△ 冷热水管避免交叉

△ 交叉时采用绕曲管连接

● 热熔时间不可过长，以免管材内壁变形，影响水流。

● 安装在吊顶中的给水管，应用管夹固定住。

● 安装后一定要进行增压测试。增压测试要在 1.5 倍水压的情况下进行，在测试中应没有漏水现象。

● 安装好的水管走向和具体位置都要画在图纸上，注明间距和尺寸，方便后期检修。

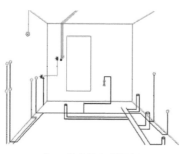

△ 三维立体备份图纸

（2）排水管施工标准

● 若管道很长，则中间不要有接头，并且要适当放大管径，避免堵塞。

△ 长管道尽量使用整根水管

- 排水立管应设在污水和杂质最多的排水点处。
- 安装排水管的位置时，应注意上方施工完成后不能有重物。
- 卫生器具排水管与横向排水管连接时，需采用90°斜三通。
- 如果卫生器具的构造内已有存水弯，则不应在排水口以下设存水弯。

△ 坐便器下水不可设计存水弯

- 管道安装好以后，通水检查有无渗漏；查看所有龙头、阀门开启是否灵活，出水是否畅通，有无渗漏现象；查看水表是否运转正常，没有任何问题后才可以将管道封闭。

4.5 技能 8：水路定位

（1）施工步骤

步骤一：对照水路布置图（由设计公司提供）以及相关橱柜水路图（由橱柜公司提供），查看现场实际情况。

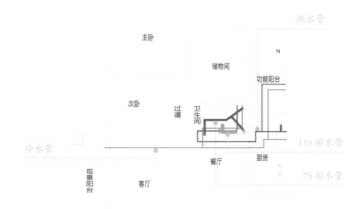

△ 水路布置图

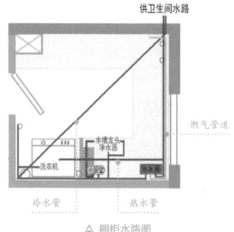

△ 橱柜水路图

步骤二：查看进户水管的位置，以及厨房、卫生间的下水口数量、位置；查看阳台的排水立管以及下水口的位置。

步骤三：从卫生间或厨房开始定位（或从离进户水管最近的房间开始）。先定冷水管走向、热水器的位置，再定热水管走向。

步骤四：在墙面标记出用水洁具、厨具的位置，包括热水器、淋浴花洒、坐便器、浴缸、小便器以及洗菜槽、洗衣机等。

步骤五：根据水电布置图，确定卫生间、厨房地漏的数量以及其位置；确定坐便器、洗脸盆、洗菜槽、拖把池以及洗衣机的排水管位置。

步骤六：估算出所用水管的数量、水管零部件的个数，提供给业主，通知材料进场。

（2）用水洁具、厨具的定位尺寸

名称 / 冷热水端口	画图方法	离地高度 /mm
电热水器	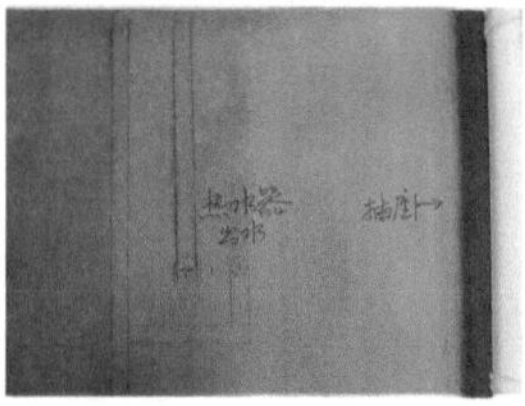	1700~1900
燃气热水器	—	1300~1400
淋浴花洒	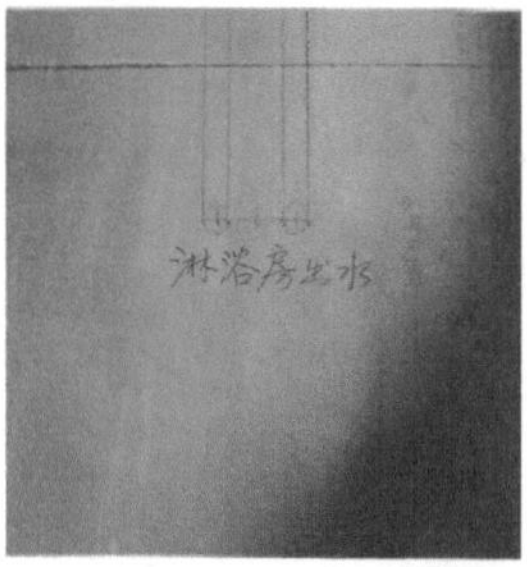	1000~1100

名称 / 冷热水端口	画图方法	离地高度 /mm
坐便器		250~350
蹲便器	—	1000~1100
小便器	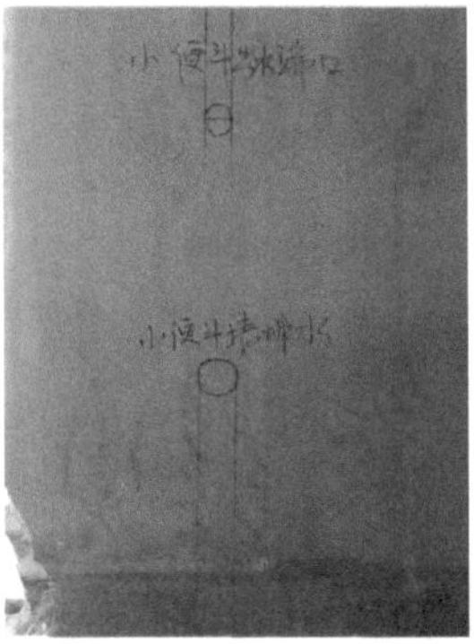	600~700
浴缸		750
按摩式浴缸	—	150~300
洗菜槽	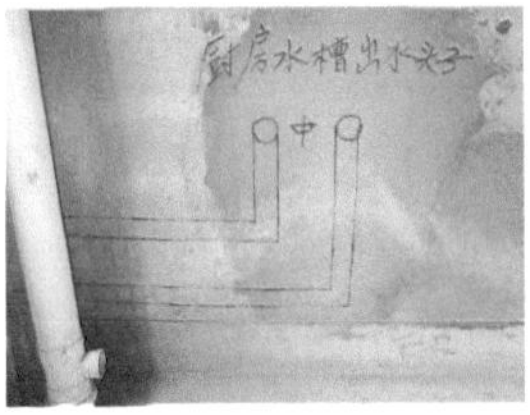	500~550
洗脸盆	—	500~950
洗衣机		850~1100
拖把池	—	650~750

4.6 技能 9：水路施工弹线

（1）施工步骤

步骤一：先弹水平线。将水平仪调试好，根据红外线用卷尺在两头定点，一般离地高度设定为 1000mm。再按这个点向其他方向的墙上标记点，最后按标记的点弹线。

△ 水平仪找平

步骤二：根据前面进户水管、水管出水端口的定位位置，计划水管的走向。根据不同的情况，设计为地面走水管与墙面走水管两种方式。

步骤三：墙面水管弹线画双线，冷热水管画线需分开，彼此之间的距离保持在 200~300mm。

△ 转角处弹线需平直

步骤四：顶面水管弹线画单线，标记出水管的走向。顶面水管不涉及开槽问题，因此画单线。

△ 顶面弹线

步骤五：地面水管弹线画双线，线的宽度根据排布的水管数量决定。通常，一根水管的画线宽度保持在40mm，以此累计。

（2）弹线技巧

① 弹长线的方法

先用水平仪标记水平线，然后在需要画线的两端，用粉笔标记出明显的标记点，再根据标记点使用墨斗弹线。

△ 墨斗线与墙面需保持90°直角

② 弹短线的方法

用水平尺找好水平线，一边移动水平尺，一边用记号笔或墨斗在墙面弹线。

△ 水平尺弹线

4.7 技能10：管路开槽

施工步骤

步骤一：掌握开槽深度。水管开槽的宽度是40mm，深度保持在20~25mm之间。冷热水管之间的距离要大于200mm，不能垂直相交，不能铺设在电线管道的上面。

步骤二：墙面开槽。多竖着开槽少横着开槽，若一定要横着开槽，宽度不能大于30mm。若遇到防水重要部分，要注意墙面开裂防水处理。

△ 墙面开槽

步骤三：使用开槽机开槽，开槽顺序要从左向右走，从上向下走。开槽的过程中，需要不断向开槽处喷水，以防止刀具过热，同时还可以减少灰尘。

△ 开槽机开槽

步骤四：对于一些特殊位置、宽度的开槽，需要使用冲击钻。在其使用过程中，要保持垂直，不可倾斜或用力过猛。

△ 冲击钻开槽

4.8 技能 11：连接 PPR 给水管

（1）施工步骤

步骤一：清理四周的障碍物和易燃物，组装热熔机。

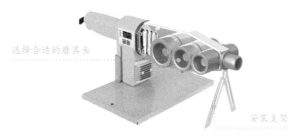

选择合适的磨具头

安装支架

△ 组装热熔机

步骤二：接通电源，给热熔机预热。

插电后，绿灯亮，表示热熔机正在加热，过程会持续2~3分钟，然后绿灯灭，红灯亮，表示热熔机可以热熔管件了

△ 热熔机预热

步骤三：切割管材至合适的长度。

①先用卷尺测量好长度，再用管钳切割。切割时，必须使端面垂直于管轴线

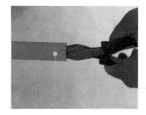

②切割后的管口，需用钳子处理，保持管口的圆润

步骤四：使用热熔机，连接管材与配件。

①两手均匀用力，以无旋转方式向内推进，热熔持续时间不可过长

②口径越大，需要热熔的时间越长，应根据经验掌握

③连接过程中，需要带手套，以防止烫伤

步骤五：检查管材连接是否合格。

①用手晃动管材，看热熔是否牢固

②90°弯头连接的管材，需保证直角，不可有歪斜扭曲等情况

（2）需要准备的工具

△ 热熔机

△ 内六角扳手

△ 管钳

△ 磨具头

△ 卷尺

4.9 技能 12：连接 PVC 排水管

（1）施工步骤

步骤一：测量排水管铺装长度，并在管道上做标记。

因为切割机的切割片有一定厚度，所以在管道上做标记时需多预留 2~3 mm，以确保切割管道的长度准确

△ 管口标记

步骤二：清理施工现场，或者在现场架起平桌，将切割机放置在上面。接通电源，测试切割机运转是否正常。

步骤三：将标记好的管道放置在切割机中，标记点对准切片，切割管道。

匀速缓慢地切割管道，切割时确保与管道成90°直角；切割后，应迅速将切割机抬起，以防止切片过热烫坏管口

△ 切割管道

步骤四：将刚切割好的管口放在切割机的切割片上进行磨边，也可用锉刀处理管口毛边。

管道接面非常光滑，必须用砂纸将接面磨花磨粗糙，以保证管道的粘接质量

△ 砂纸打磨管壁

步骤五：将打磨好的管道用抹布擦拭干净，旧管件必须使用清洁剂清洗粘接面。

△ 抹布擦拭管道

步骤六：在管件内均匀地涂上胶水，然后在管道外壁端口均匀地涂抹胶水，长度保持在1cm以内。为保证粘接质量，胶水层需涂厚一些。

△ 涂抹胶水

步骤七：将管道轻微旋转着插入管件，完全插入后，需要固定 15 秒，待胶水晾干后即可使用。

△ 粘接管件

（2）需要准备的工具

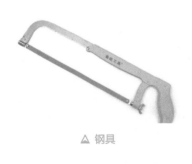

△ 钢具

△ 切割机

△ 锉刀

△ 砂纸

4.10 技能 13：敷设给水管与排水管

（1）给水管敷设施工步骤

步骤一：敷设顶面给水管。

①先安装给水管吊卡件，再敷设给水管

②给水管与吊顶间距保持在 80~100mm 之间，并且与墙面保持平行

③吊顶给水管需用黑色隔音棉包裹起来，起到保温、减少噪音、防止漏水的作用

步骤二：敷设墙面给水管。

①墙面不允许大面积布置横管，会影响墙体稳固

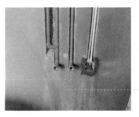

②给水管与穿线管之间，保持 200mm 的间距

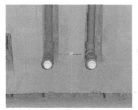

③冷热水管之间需保持 150mm 的间距，左侧走热水，右侧走冷水

④给水管的出水口，用水平尺测平整度，不可有高低歪扭等情况

⑤给水管需内凹进20mm，方便后期封槽

⑥当水管穿过卫生间或厨房的墙体时，需离地300mm打洞，防止破坏防水层

步骤三：敷设地面给水管。

①当水管的长度超过6000mm时，需采用U字型施工工艺。U字管的长度不得低于150mm，不得高于400mm

②地面管路发生交叉时，次管路必须安装过桥件在主管道下面，使整体管道分布保持在水平面上

（2）排水管敷设施工步骤

步骤一：敷设坐便器排水管。

①改变坐便器下水的位置，最好的方案是从楼下的主管道修改

②坐便器改墙排水时，需地面开槽，将排水管预埋进去三分之二，并保持轻微的坡度

③下沉式卫生间，坐便器排水管的安装，需具有轻微的坡度，并用管夹固定

步骤二：敷设洗脸盆、洗菜槽排水管。

①洗菜槽排水需靠近排水立管安装，并预留存水弯

②墙排式洗脸盆，排水管高度需预留在 400~500mm 之间

③普通洗脸盆的排水管，安装位置离墙边 50~100mm

步骤三：敷设洗衣机、拖把池排水管。

①洗衣机排水管不可紧贴墙面，需预留出 50mm 以上的宽度。洗衣机旁边需预留地漏下水，防止阳台积水

②拖把池下水不需要预留存水弯，通常安装在靠近排水立管的位置

步骤四：敷设地漏排水管。

所有地漏的排水管粗细需保持一致，并采用统一排水管道

△ 地漏排水管

4.11 技能 14：打压测试

施工步骤

步骤一：关闭进水总阀门，封堵所有出水端口。

△ 封堵出水端口

步骤二：用软管将冷热水管连接起来。

△ 软管连接冷热水管

步骤三：连接打压泵，将打压泵注满水，调整压力指针指向 0。

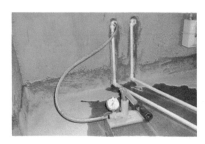

△ 连接打压泵

步骤四：开始测压，摇动压杆使压力表指针指向 0.9~1.0（此刻压力是正常水压的三倍），保持这个压力一定时间。不同管材的测压时间不同，在 30 分钟 ~4 小时。

△ 水管测压

步骤五：测压期间逐个检查堵头、内丝接头，看是否渗水。打压泵在规定的时间内，压力表指针没有下降，或下降幅度保持在 0.1MPa 以内，说明测压成功。

4.12 技能 15：封槽

（1）施工步骤

步骤一：搅拌水泥砂浆。

（1）搅拌砂浆的位置需避开水管，选择空旷干净的地方，搅拌砂浆之前，需将地面清洁干净

（2）水泥与砂的比例为 1：2

步骤二：封槽。

（1）封槽应从地面开始，然后到墙面，先封竖向凹槽，再封横向凹槽，水泥砂浆应均匀地填满水管凹槽，不可有空鼓

（2）待封槽水泥收风干时，检查表面是否平整，发现凹陷，应及时补补水泥

（2）封槽注意事项

● 水泥超过出厂日期 3 个月后就不能使用。不同品种、等级的水泥不能混用。黄砂要用河砂、中粗砂。

● 水管线进行打压测试没有任何渗漏后，才能够进行封槽。水管封槽前，应检查所有的管道，对有松动的地方进行加固。

● 被封闭的管槽中，所抹填的水泥砂浆应与整体墙面保持平整。

4.13 技能 16：厨卫刷防水

（1）施工步骤

步骤一：修理基层。

①有铲除部分的应先修补、抹平，基层如有裂缝和渗水部位，应采用合适的堵漏方法先修复

②阴阳角区域、弯位等凹凸不平需要找平

③对于下沉式卫生间，应先用水泥将地面抹平

步骤二：墙地面基层清理。

基面层必须完整无灰尘、铲除疏松颗粒，施工前可以用水湿润表面，但不能留有明水

▲ 清理基层

步骤三：搅拌防水涂料。

①先将液料倒入容器中，再将粉料慢慢加入，同时充分搅拌3~5分钟，至形成无生粉团和颗粒的均匀浆料时即可使用

②用搅拌器顺时针搅拌，搅拌后应
均匀无颗粒

步骤四：涂刷防水涂料。

①从墙面开始涂刷，然后涂刷地面
涂刷过程应均匀，不可漏刷

②对转角处、管道变形部位等应加
强防水涂层，杜绝漏水隐患

③涂刷完成后，表面应平整无明显
颗粒，阴阳角保证平直

步骤五：施工24小时后建议用湿布覆盖涂层或喷雾洒水对涂层进行养护。在完全凝固前需采取措施防止踩踏、被雨水淋、暴晒或者被尖锐物品损伤。

（2）需要准备的工具

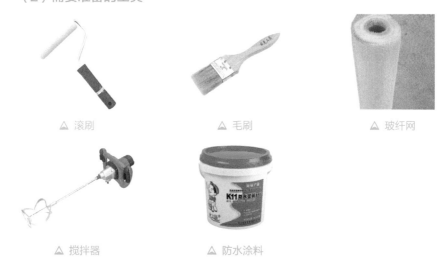

△ 滚刷　　　　　　　　△ 毛刷　　　　　　　　△ 玻纤网

△ 搅拌器　　　　　　　△ 防水涂料

（3）防水涂刷顺序和技巧

● 先对墙面均匀涂刷一遍防水浆料，使其与墙面完整粘接，涂膜厚度为 1mm 以下，注意避免出现漏刷。

● 待第一层防水浆料表面干燥后（手摸不粘手，约 2 小时后），用同样方法在十字交错方向涂刷第二遍。防水浆料至少涂刷 2 遍，对于防水要求高的可涂刷 3 遍（防水涂膜厚度为 1.2~2mm）。

4.14 技能 17：闭水试验

（1）施工步骤

步骤一：防水施工完成，过 24 小时做闭水试验。

步骤二：封堵地漏、面盆、坐便器等排水管管口。

①使用专业保护盖对地漏等管口封堵，防止异物进入排水管道

②在缺少保护罩的情况下，可采用废弃塑料袋封堵

步骤三：封堵房间门口。

①在房间门口用黄泥土、低等级水泥砂浆等材料做个 20~25cm 高的挡水条

②可采用红砖封堵门口，使用低等级的水泥砂浆砌筑

步骤四：开始蓄水，深度保持在 5~20cm，并做好水位标记。

△ 开始蓄水

步骤五：蓄水时间需保持 24~48 小时，这是保证卫生间防水工程质量的关键。

步骤六：第一天闭水后，检查墙体与地面。

观察墙体，看水位线是否有明显下降，仔细检查四周墙面和地面有无渗漏现象

△ 检查水位变化

步骤七：第二天闭水完毕，全面检查楼下天花板和屋顶管道周边。

联系楼下业主，从楼下观察是否有水渗出，出现图中这种情况便表示防水失败

△ 检查楼下是否渗水

（2）闭水试验注意事项

● 卫生间防水施工完成后必须等待防水涂料的涂层"终凝"（即完全凝固）后才能试水。

● 各种防水涂料的终凝时间不同，这在产品的执行标准中均有明确说明，需仔细阅读。

● 防水材料达到终凝后，不会因为蓄水时间的加长而加速防水层的老化。

● 防水涂料的包装袋、桶及桶盖都有用。包装袋用来装沙子堵地漏；桶和桶盖用来垫地面，防止水流破坏防水涂料。

4.15 技能 18：地暖施工

（1）地暖施工流程一览

地面找平层检验完毕→材料准备→安装地暖分水器→连接主管→铺设保温层、边界膨胀带→铺设反射铝箔层→铺设盘管→连接分水器→根据施工图进行埋地管材铺设→设置过门伸缩缝→中间验收（一次水压试验）→混凝土填充层施工→完工验收（二次水压试验）→地暖运行调试。

（2）分集水器介绍

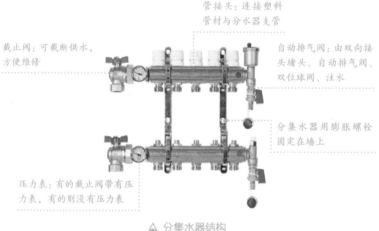

管接头：连接塑料管材与分水器支管

截止阀：可截断供水，方便维修

自动排气阀：由双向接头堵头、自动排气阀、双位球阀、注水

分集水器用膨胀螺栓固定在墙上

压力表：有的截止阀带有压力表，有的则没有压力表

△ 分集水器结构

将分集水器水平安装在图纸指定位置上，分水器在上，集水器在下，间距200mm，集水器中心距地面高度不小于300mm

管材是地暖工程中的重中之重，目前用于地暖铺装的管材有好几种，常见的有PEX、PERT、PB、铝塑管等

安装在分集水器上的地暖管需要保护，建议使用保护管和管夹

△ 分集水器使用说明

（3）地暖安装施工与要求

● 分集水器用4个膨胀螺栓水平固定在墙面上，安装要牢固。

● 边角保温板沿墙粘贴专用乳胶，要求粘贴平整，搭接严密。

● 底层保温板缝处要用胶粘贴牢固，上面需铺设铝箔纸或粘一层带坐标分格线的复合镀铝聚酯膜，铺设要平整。

△ 底层保温板

● 在铝箔纸上铺设一层 $\Phi 2$ 钢丝网，间距为 $100mm \times 100mm$，规格为 $2m \times 1m$，铺设要严整严密，钢丝网间用扎带捆扎，不平或翘曲的部位用钢钉固定在楼板上。

△ 钢丝网铺设在铝箔纸和地暖管之间

● 设置防水层的房间如卫生间、厨房等固定钢丝网时不允许打钉，管材或钢丝网翘曲时应采取措施防止管材露出混凝土表面。

△ 钢丝网铺设

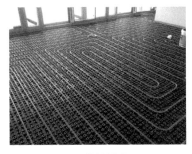

△ 模块铺设

● 地暖管要用管夹固定在苯板上，固定点间距不大于 500mm（按管长方向），大于90°的弯曲管段的两端和中点均应固定。

△ 管夹固定地暖管

- 地暖安装工程的施工长度超过 6m 时，一定要留伸缩缝，防止在使用时，由于热胀冷缩导致地暖龟裂，从而影响供暖效果。
- 检查加热管有无损伤、间距是否符合设计要求后，进行水压试验。
- 试验压力为工作压力的 1.5 ~ 2 倍，但不应小于 0.6MPa，稳压 1 小时内压力下降不大于 0.05MPa，且不渗不漏为合格。
- 地暖管验收合格后，回填细石混凝土，加热管保持不小于 0.4MPa 的压力；垫层用人工抹压密实，不得用机械振捣，不许踩压已铺设好的管道，垫层达到养护期后，方可泄压。
- 地暖分水器进水处需装设过滤器，防止异物进入管道，水源用清洁水。
- 抹水泥砂浆回填找平，做地面。

△ 抹水泥找平

（4）地暖布管方法

△ 螺旋型布管法

产生的温度通常比较均匀，并可通过调整管间距来满足局部区域的特殊要求，此方式布管时，管路只弯曲 90°，材料所受弯曲应力较小。

△ 迂回型布管法

产生的温度通常一端高一端低，布管时管路需要弯曲 180°，材料所受应力较大，适合在狭窄的空间内采用。

△ 混合型布管法

混合布管通常以螺旋型布管方式为主，迂回型布管方式为辅。

（5）地暖采暖方式对比

项目	水暖	电暖
安装	湿式地暖安装难度高，系统维护、调试成本高，100m² 需 4 人 5 天。干式地暖施工简单，100m² 2 人 1 天就可完工	安装简便，100m² 需 4 人 2 天
采暖效果	预热时间为 3 小时以上，地面达到均匀至少 4 小时以上，冷热点温差为 10℃	预热时间为 2~3 小时，均热时间为 4 小时左右，冷热点温差为 10℃
层高影响	保温层 2cm+ 盘管 2cm+ 混凝土层 5cm=9cm	保温层 2cm+ 混凝土层 5cm=7cm
耗材	水管内温度为 55℃以上，因此地面混凝土厚度在 3cm 以下会开裂，必须加装钢丝网，至少增加 30 元 / m² 的水泥成本	电缆线温度在 65℃以上，地面混凝土厚度至少为 5cm，并需加装钢丝网，至少增加 30 元 /m² 的水泥成本
耗能	实际使用能耗很高，经验数值为 100m² 的房间每月 1800 元以上	经验数值为 100m² 的房间每月 1500 元以上
寿命	地下盘管为 50 年，铜质分集水器为 10~15 年，锅炉整体寿命为 10~15 年	地下发热电缆为 30~50 年，10 年之内电缆外护套层有老化现象，热损增高温控器为 3~8 年

4.16 技能 19、技能 20：安装并检查水表、阀门

（1）水表安装步骤

步骤一：清理管道内的杂物，并冲洗干净。

步骤二：安装水表。

①水平安装，表面朝上，表壳上箭头方向需与水流方向保持一致

②在水表的上下游，应安装阀门。使用时，确保阀门全部打开

③水表上下游要安装必要的直管段或其他等效的整流器，要求上游直管段的长度不小于100mm，下游直管段的长度不小于50mm，对于由弯管或离心泵所引起的涡流现象，必须在直管段前加装镇流器

④水表下游管道出水口应高于水表0.5m以上，以防水表因管道内水流不足而引发计量不正确

（2）水表安装注意事项

● 室外安装的水表应安装保护盒，不宜安装在暴晒、雨淋和冰冻的场所，防止损坏。严冬季节，室外安装的水表应有防冻措施。

● 水表是用水量的计量工具，为了保证计量的准确性，安装时水表进水口前段管道的长度应至少是5倍表径以上，出水口后段管道的长度应至少是2倍表径以上，水表外壳距墙面的距离为10~30mm。

● 水表的安装高度应距地面或楼面0.8~1.2m。水表前后供水管必须固定，使水表始终处于水平位置，不得倒装、歪装、斜装，以保证其计量准确，换表方便、快捷。

（3）阀门安装步骤

安装步骤：核对阀门型号，按照水流方向安装。

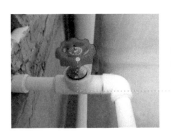

用手柄拧动的阀门可以安装在管道的任何位置上，通常安装在平时比较容易操作的位置上

△ 安装阀门

（4）阀门安装重点解读

• 安装阀门时，不能生硬地强行对口连接，以免因受力不均导致阀门损坏；明杆闸阀不宜装在地下潮湿处，否则容易造成阀杆锈蚀，搬动时发生断裂等情况，缩短使用时间。

• 淋浴器上的混水阀需要同时连接冷水管和热水管。

4.17 技能21：安装洗脸盆

（1）台上盆的安装步骤

步骤一：安装台上盆前，要先测量好台上盆的尺寸，再把尺寸标注在柜台上，沿着标注的尺寸切割台面板，方便安装台上盆。

步骤二：接着把台上盆安放在柜台上，先试装上水龙头，使水能正常冲洗流动，再锁住固定。

步骤三：安装好水龙头后，就沿着盆的边沿涂上玻璃胶，使得台上盆可以固定在柜台面板上面。

步骤四：涂上玻璃胶后，将台上盆安放在柜台面板上，然后摆正位置。

墙面
水龙头
冷、热进水管
面盆
台面
排水栓
排水管
排水管道
地面

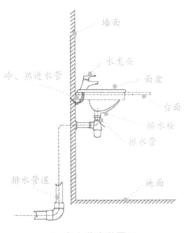

△ 台上盆安装图示

（2）台下盆的安装步骤

步骤一	在切割图上把洗脸盆的图纸截下	
步骤二	将切割图的轮廓描绘在台面上	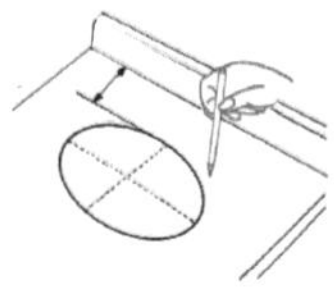
步骤三	切割洗脸盆的安装孔及打磨	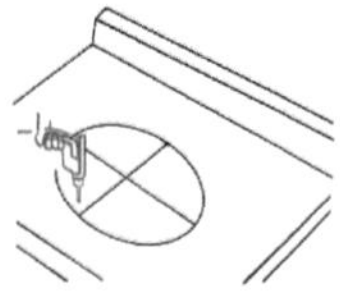
步骤四	按照安装的龙头和台面尺寸正确切割龙头安装孔	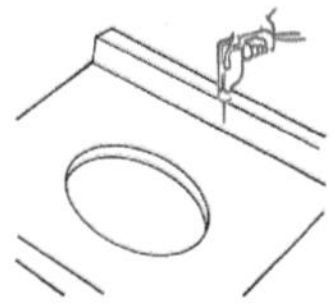
步骤五	台面支架安装	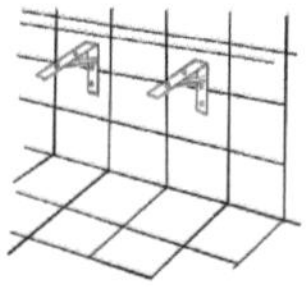
步骤六	把洗脸盆暂时放入已开好的台面安装口内，检查间隙，并做好记号	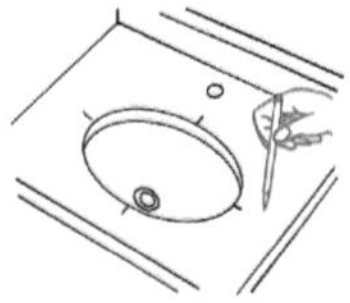
步骤七	在洗脸盆边缘上口涂上硅胶密封材料后，把洗脸盆小心地放入台面下，对准安装孔，跟先前的记号相校准并向上压紧，使用厂家随货附带的洗脸盆与台面的连接件，将洗脸盆与台面紧密连接	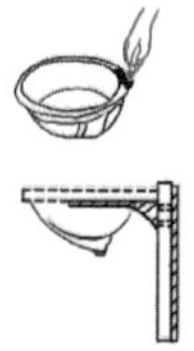
步骤八	等密封胶硬化后，安装龙头，然后连接进水和排水管件	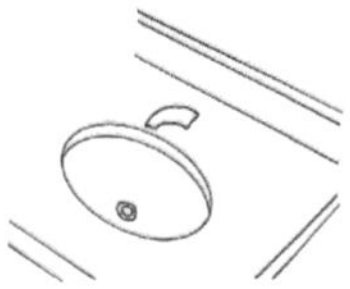

（3）立柱盆的安装步骤

步骤一	通过测量，在墙上标出洗脸盆的安装高度（指的是地面到洗脸盆上表面的距离），建议安装高度为820mm	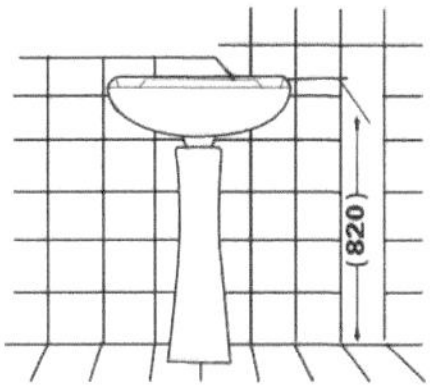
步骤二	将洗脸盆和立柱放到安装位置，用水平尺矫正水平位置后，用笔在墙上及地上标出立柱的安装位置。如果采用固定金属件安装洗脸盆，应标出固定件安装孔位置；如果采用洗脸盆上的安装孔直接安装，应标出陶瓷安装孔位置	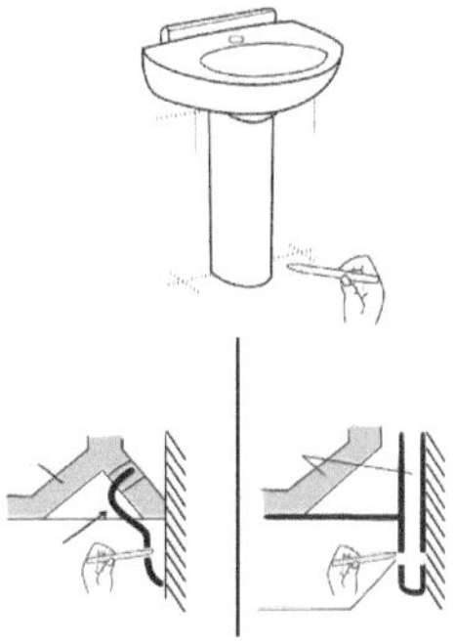
步骤三	移去洗脸盆和立柱，通过测量确定挂钩安装位置，并用笔在墙上做记号	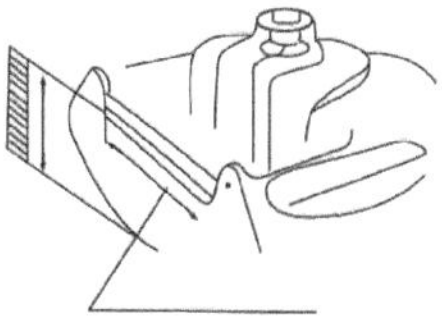
步骤四	用冲击钻在做记号处打孔，并安装膨胀管	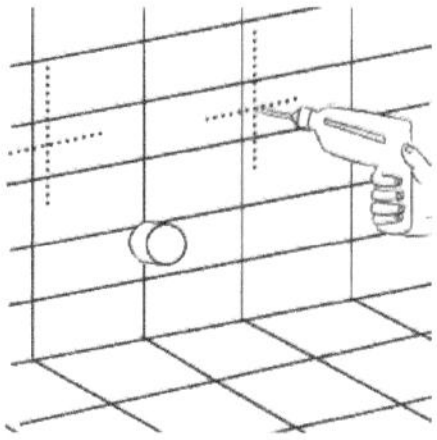
步骤五	①安装挂钩、立柱固定件。 ②安装挂钩时先不要把固定螺丝拧得太紧，此时将盆试挂在挂钩上，根据盆与墙面的垂直情况在a和b的位置插入金属片以进行调控（如需要向上倾斜则在b位置插入金属片，向下倾斜则在a位置插入金属片）	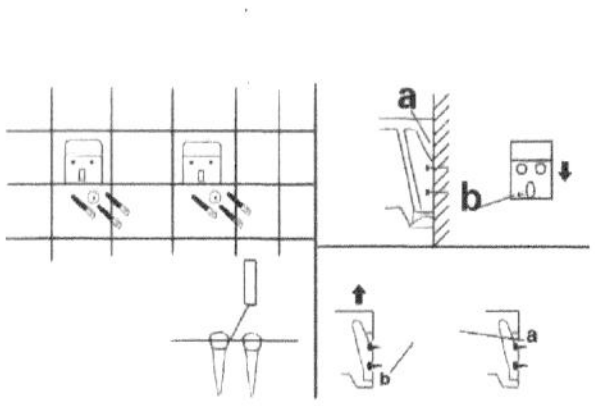
步骤六	按照说明书上的要求和步骤安装水龙头和排水配件	

步骤七	将洗脸盆安装到挂钩上	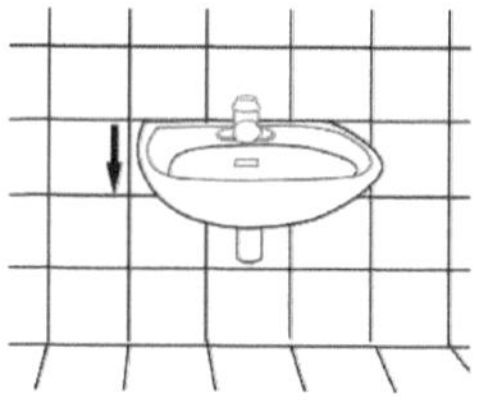
步骤八	安装洗脸盆固定件。采用金属件固定安装的，需套上固定金属件后，在其螺钉安装孔内打入固定螺栓（注意：请将固定金属件紧扣住固定孔的下端面）。采用陶瓷孔直接固定安装的，应套上垫片后直接从陶瓷孔内安装固定螺栓	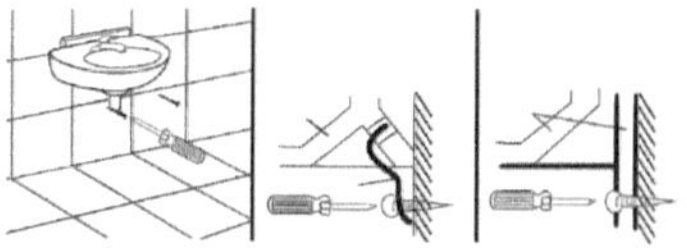
步骤九	连接进水和排水管件	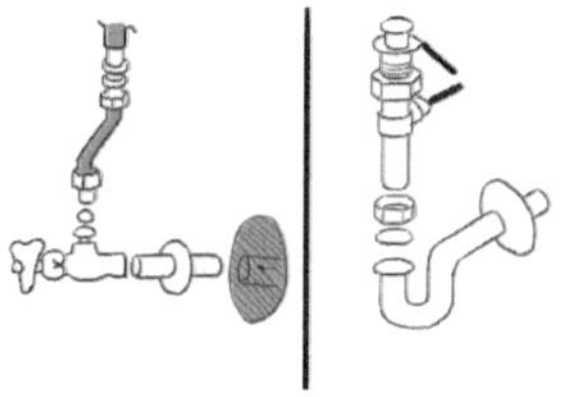
步骤十	将立柱与固定件用螺栓连接	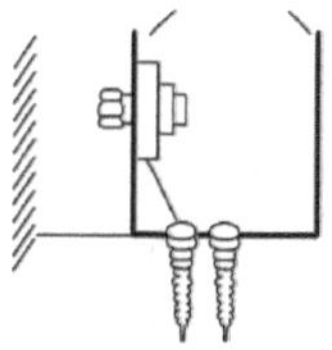
步骤十一	在洗脸盆上口与墙面、立柱脚与地面的接触面之间打上防霉硅胶密封	

4.18 技能 22：安装坐便器

安装步骤

步骤一：根据坐便器的尺寸，把多余的下水口管道裁切掉，一定要保证排污管高出地面 10mm 左右。

△ 切割多余下水管口

步骤二：确认墙面到排污孔中心的距离，确定与坐便器的坑距一致，同时确认排污管中心位置并画上十字线。

步骤三：翻转坐便器，在排污口上确定中心位置并画出十字线，或者直接画出坐便器的安装位置。

△ 测量坐便器进深

△ 确定排污口

步骤四：确定坐便器底部安装位置，将坐便器下水口的十字线与地面排污口的十字线对准，保持坐便器水平，用力压紧法兰（没有法兰要涂抹专用密封胶）。

△ 把法兰套到坐便排污管上

步骤五：将坐便盖安装到坐便器上，平稳端正地摆放好。

△ 安装坐便器盖

步骤六：坐便器与地表面交会处必须用透明密封胶封住，这样可以把卫生间局部积水挡在坐便器的外围。

△ 坐便器周围打胶

步骤七：先检查自来水管，放水 3~5 分钟冲洗管道，以保证自来水管的清洁，之后安装角阀和连接软管，将软管与水箱进水阀连接并按通水源，检查进水阀进水及密封是否正常，检查排水阀安装位置是否灵活、有无卡阻及渗漏，检查有无漏装进水阀过滤装置。

步骤八：安装好坐便器后，应等到玻璃胶固化后方可放水使用，固化时间一般为 24 小时。

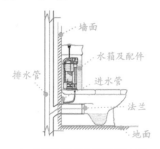

△ 直冲连体坐便器安装示意

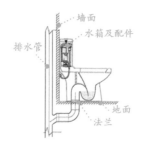

△ 直冲分体坐便器安装示意

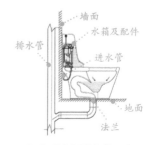

△ 虹吸坐便器安装示意

4.19 技能 23：安装淋浴花洒

安装步骤

步骤一：关闭总阀门，将墙面上预留的冷、热进水管的堵头取下，打开阀门放出水管内的污水。

步骤二：将冷、热水阀门对应的弯头涂抹铅油，缠上生料带，与墙上预留的冷、热水管头对接，用扳手拧紧。

△ 缠生料带

步骤三：将淋浴器阀门上的冷、热进水口与已经安装在墙面上的弯头试接，若接口吻合，则把弯头的装饰盖安装在弯头上并拧紧，再将淋浴器阀门与墙面的弯头对齐后拧紧，扳动阀门，测试安装是否正确。

△ 淋浴阀门对接　　　　　　　　　　　△ 安装好的淋浴阀门

步骤四：将组装好的淋浴器连接杆放置到阀门预留的接口上，使其垂直直立。

步骤五：将连接杆的墙面固定件放在连接杆上部适合的位置，用铅笔标注出将要安装螺丝的位置，在墙上的标记处用冲击钻打孔，安装膨胀塞。

步骤六：将固定件上的孔与墙面打的孔对齐，用螺丝固定住，将淋浴器上连接杆的下方在阀门上拧紧，上部卡进已经安装在墙面上的固定件。

步骤七：在弯管的管口缠上生料带，固定喷淋头。

步骤八：安装手持喷头的连接软管。

△ 手持式喷头

步骤九：安装完毕后，拆下起泡器、花洒等易堵塞配件，让水流出，将水管中的杂质完全清除后再装回。

△ 安装完成效果

4.20 技能 24：安装浴缸

安装步骤

步骤一：把浴缸抬进浴室，放在下水的位置，用水平尺检查水平度，若不平可通过浴缸下的几个底座来调整水平度。

步骤二：将浴缸上的排水管塞进排水口内，多余的缝隙用密封胶填充上。

步骤三：将浴缸上面的阀门与软管按照说明书示意连接起来，对接软管与墙面预留的冷、热水管的管路及角阀，用扳手拧紧。

步骤四：拧开控水角阀，检查有无漏水。

步骤五：安装手持花洒和去水堵头。

步骤六：测试浴缸的各项性能，没有问题后将浴缸放到预装位置，与墙面靠紧。

步骤七：用玻璃胶将浴缸与墙面之间的缝隙密封。

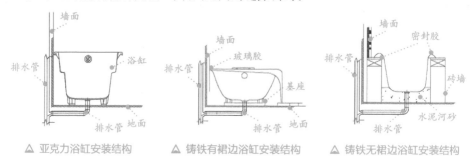

△ 亚克力浴缸安装结构　　△ 铸铁有裙边浴缸安装结构　　△ 铸铁无裙边浴缸安装结构

4.21 技能 25：安装地漏

（1）安装步骤

步骤一：安装前，检查排水管直径，选择尺寸合适的产品型号。

步骤二：铺地砖前，用水冲刷下水管道，确认管道畅通。

步骤三：摆好地漏，确定其准确的位置。

步骤四：根据地漏的位置，开始划线，确定待切割的具体尺寸（尺寸必须精确），对周围的瓷砖进行切割。

步骤五：以下水管为中心，将地漏主体扣压在管道口，用水泥或建筑胶密封好。地漏上平面宜低于地砖表面 3~5mm。

△ 均匀涂抹水泥

△ 安装扣严

步骤六：将防臭芯塞进地漏体，按紧密封，盖上地漏箅子。

△ 防臭芯安装

△ 盖上盖子

步骤七：安装完毕后，可检查卫生间泛水坡度，然后再倒入适量水看排水是否通畅。

△ 倒水检查

△ 测量坡度

（2）安装位置说明

①淋浴下方

淋浴间排水量最大，要保证水能够迅速排下去而不积存，地漏就要选择排水量大的款式，另外还需要选择防臭防堵塞款式。1~2 个淋浴器需要配备直径为 50mm 的地漏，3 个淋浴器则需要配备直径为 75mm 的地漏。

△ 淋浴专用地漏

②洗衣机附近

洗衣机附近的地漏要满足短时大量排水的要求，又需要插入洗衣机排水软管，因此一般需要配备洗衣机专用地漏。

△ 洗衣机专用地漏

③坐便器附近

坐便器旁边的地面比较低，容易积水，时间长了会有污垢积存，因此安装一个地漏利于排水。

△ 坐便器地漏

④阳台

一般阳台多用来晾晒衣服，也会有少量的积水，建议也安装地漏。如果为敞开式阳台或者阳台放置有洗衣机则必须安装地漏。

△ 阳台地漏

第5章
深入电路施工现场

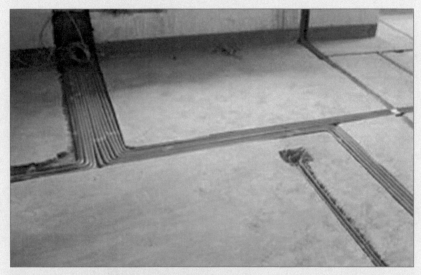

- ◆ 解读电路施工步骤

- ◆ 电路灯具安装技巧

- ◆ 步骤化地讲解定位、开槽、布管等项目

5.1 解读电路施工步骤

（1）电路施工步骤一览

电路定位➔弹线➔线路开槽➔布管➔穿线➔电路检测

（2）施工项目解读

① 电路定位

了解并掌握各种电器、插座以及开关的常规高度，并根据现场实际需求，综合定位。定位标记时，需用记号笔在墙面标记出形状。

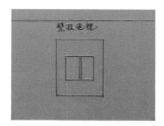

▲ 壁挂电视定位

② 弹线

弹线的线路走向应避开重点施工区域；墙面中的弹线，应多弹竖线，减少横线。

▲ 地面弹线

③ 线路开槽

开槽线路应避开承重墙以及内部含有钢筋的墙体，不可将墙体内的钢筋切断；顶面开槽应避开横梁，不可在横梁上打洞。

▲ 地面线管开槽

④ 布管

电线布管的原则是：灯具类电线走顶面，电视、插座类电线走地面；整体的布管分布应当是顶面多，其次是墙面，最后是地面。

▲ 墙地面布管

⑤ 穿线

长距离的穿线，应当使用钢丝拉拽。操作之前，先将钢丝的一头打个钩，防止尖头划坏管材内部。整个穿线过程中，应缓慢地推动，防止划伤穿线管。

▲ 暗盒穿线

⑥ 电路检测

电路检测包括三个方面，一是用试电笔测试每一处接头、插座是否正常；二是拉闸断电测试，看是否能完全关闭室内的电源；三是看电表通电是否正常。

▲ 电路检测

5.2 各空间电路布局图解

（1）客厅电路布局

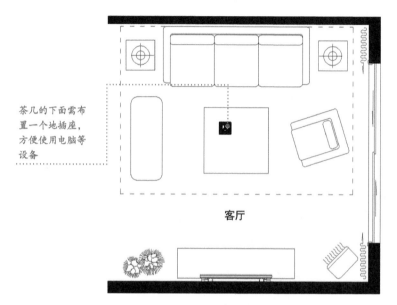

茶几的下面需布置一个地插座，方便使用电脑等设备

客厅

△ 客厅平面图

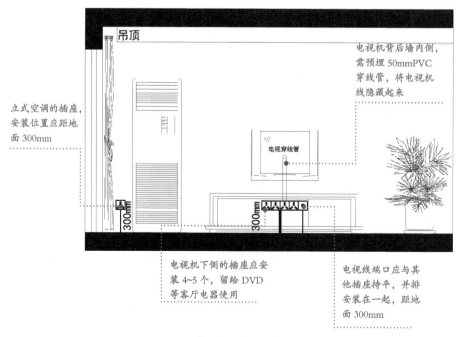

立式空调的插座，安装位置应距地面300mm

吊顶

电视机背后墙内侧，需预埋50mmPVC穿线管，将电视机线隐藏起来

电视穿线管

300mm

300mm

电视机下侧的插座应安装4~5个，留给DVD等客厅电器使用

电视线端口应与其他插座持平，并排安装在一起，距地面300mm

△ 客厅电视墙立面图

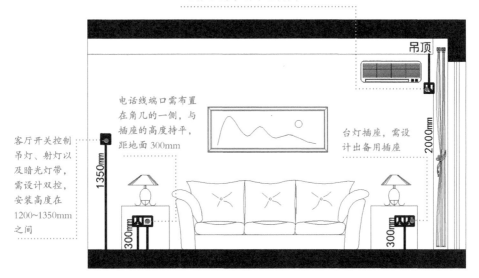

挂式空调的插座需距地面 2000mm，靠近墙边安装，同时避开窗帘

吊顶

电话线端口需布置在角几的一侧，与插座的高度持平，距地面 300mm

台灯插座，需设计出备用插座

客厅开关控制吊灯、射灯以及暗光灯带，需设计双控，安装高度在 1200~1350mm 之间

1350mm

300mm

300mm

2000mm

△ 客厅沙发墙立面图

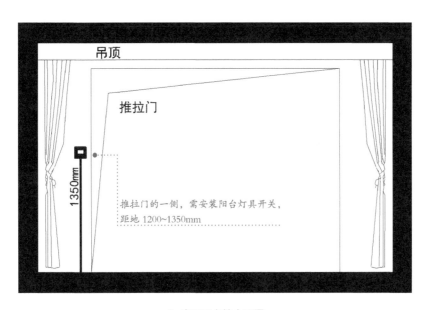

吊顶

推拉门

1350mm

推拉门的一侧，需安装阳台灯具开关，距地 1200~1350mm

△ 客厅阳台墙立面图

（2）餐厅电路布局

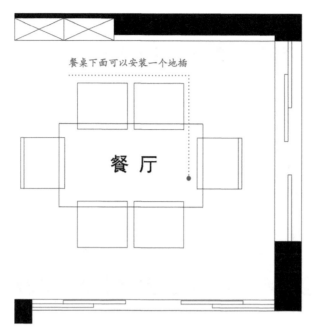

餐桌下面可以安装一个地插

餐 厅

▲ 餐厅平面图

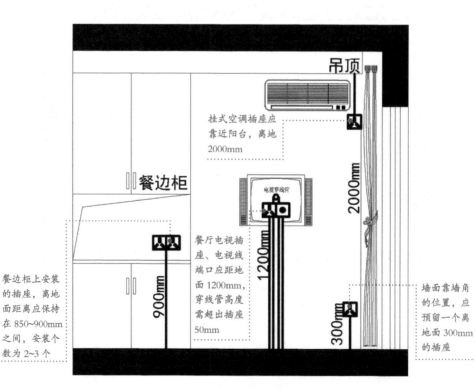

吊顶

挂式空调插座应
靠近阳台，离地
2000mm

餐边柜

电视穿线管

餐厅电视插
座、电视线
端口应距地
面1200mm，
穿线管高度
需超出插座
50mm

2000mm

1200mm

900mm

300mm

餐边柜上安装
的插座，离地
面距离应保持
在850~900mm
之间，安装个
数为2~3个

墙面靠墙角
的位置，应
预留一个离
地面300mm
的插座

▲ 餐厅电视墙立面图

（3）卧室电路布局

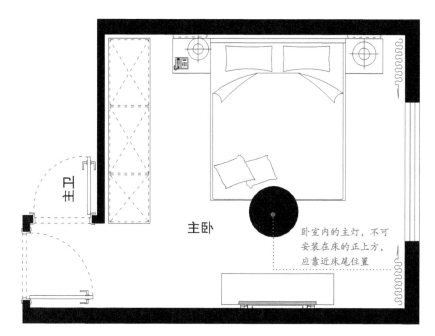

卧室内的主灯，不可安装在床的正上方，应靠近床尾位置

主卫

主卧

▲ 卧室平面图

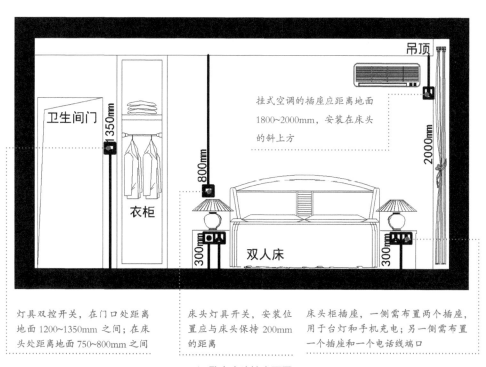

吊顶

挂式空调的插座应距离地面1800~2000mm，安装在床头的斜上方

卫生间门

衣柜

双人床

灯具双控开关，在门口处距离地面1200~1350mm之间；在床头处距离地面750~800mm之间

床头灯具开关，安装位置应与床头保持200mm的距离

床头柜插座，一侧需布置两个插座，用于台灯和手机充电；另一侧需布置一个插座和一个电话线端口

▲ 卧室床头墙立面图

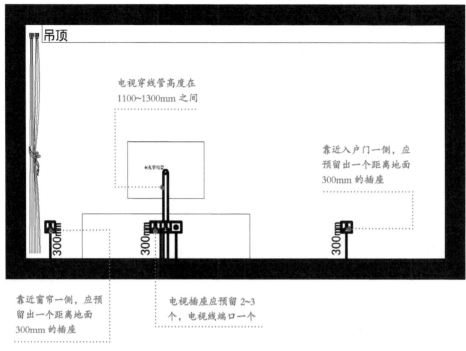

吊顶

电视穿线管高度在
1100~1300mm 之间

靠近入户门一侧，应
预留出一个距离地面
300mm 的插座

300mm

300mm

300mm

靠近窗帘一侧，应预
留出一个距离地面
300mm 的插座

电视插座应预留 2~3
个，电视线端口一个

△ 卧室电视墙立面图

（4）书房电路布局

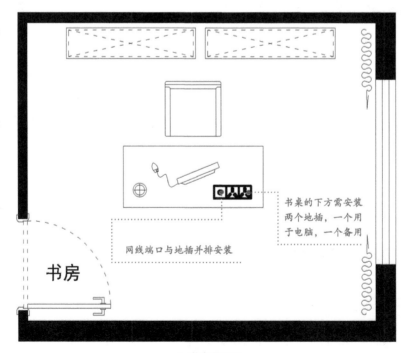

书桌的下方需安装
两个地插，一个用
于电脑，一个备用

网线端口与地插并排安装

书房

△ 书房平面图

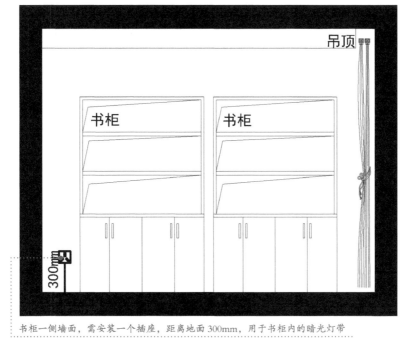

书柜一侧墙面，需安装一个插座，距离地面300mm，用于书柜内的暗光灯带

▲ 书房书柜墙立面图

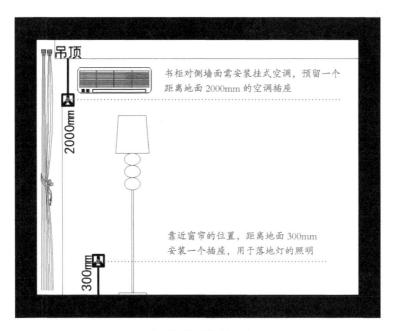

▲ 书房空调墙立面图

靠近墙角的位置，可选择预留一个距离地面300mm的插座，备用

套装门

书房灯具的开关需安装在门口，距离地面高度在1200~1350mm之间

1350mm

300mm

△ 书房门侧墙立面图

（5）厨房电路布局

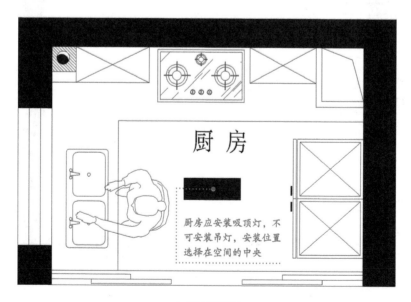

厨 房

厨房应安装吸顶灯，不可安装吊灯，安装位置选择在空间的中央

△ 厨房平面图

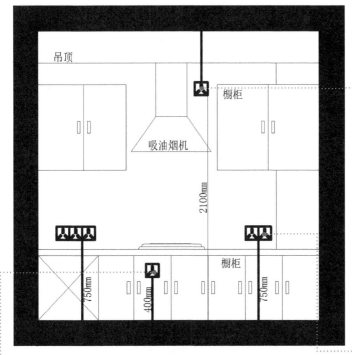

吸油烟机的插座安装在墙面上侧，距离地面2100mm的地方。位置要靠近一边，不可影响吸油烟机的安装

在距离地750mm的空白墙面上，需预留出3~5个插座，分散摆放，留给微波炉、烤箱等电器使用（插座最好带有开关功能）

燃气灶的下面需预留出一个插座，隐藏在橱柜里，距离地面400mm。若后期改为电器灶，则可以使用

▲ 厨房橱柜墙立面图

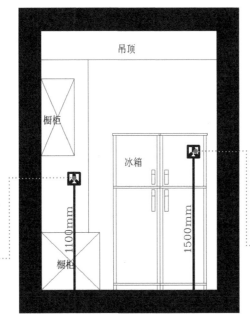

速热器的插座一般距离地面1100mm，插座的安装位置需要在空白面积较大的墙面

冰箱插座一般安装在冰箱的背后，隐藏起来。距离地面高度通常是1500mm，有些也会安装在距离地面300mm的位置

▲ 厨房冰箱墙立面图

（6）卫生间电路布局

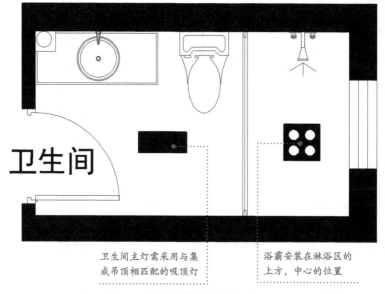

卫生间主灯需采用与集
成吊顶相匹配的吸顶灯

浴霸安装在淋浴区的
上方，中心的位置

▲ 卫生间平面图

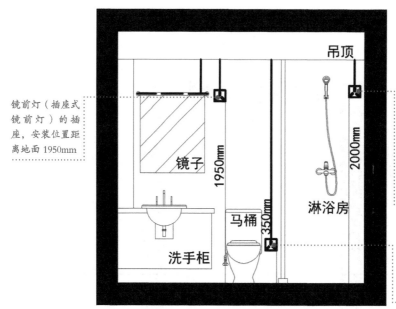

镜前灯（插座式
镜前灯）的插
座，安装位置距
离地面1950mm

吊顶

镜子

1950mm

350mm

马桶

洗手柜

2000mm

淋浴房

热水器的插座位置，
需看热水器的具体
型号，一般距离地
面1800~2000mm；
位置需靠墙角，与
花洒保持一定距离

坐便器插座距离
地面350mm，需
和坐便器保持一
定距离

▲ 卫生间洁具墙立面图

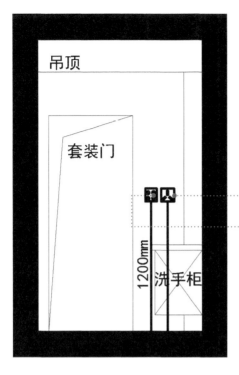

吹风机插座的高度需和开关的高度保持一致

卫生间灯具的开关要安装在门外，浴霸开关则安装在门内，距离地面1200mm

△ 卫生间门侧墙立面图

5.3 电路改造与施工要求

● 使用的电线、管道及配件等施工材料必须符合产品检验及安全标准。

△ 常见的电线样式

● 配电箱的尺寸，须根据实际所需的空气开关而定。

△ 配电箱

△ 空气开关

● 配电箱中必须设置总空气开关（两极）＋漏电保护器（所需位置为4个单片数），严格按图分设各路空气开关及布线，配电箱安装必须设置可靠的接地连接。

● 施工前应确定开关、插座品牌，是否需要门铃及门灯电源，校对图纸跟现场是否相符。

● 电器布线均采用BV单股铜线，接地线为BBR软铜线。

△ 单股铜线

△ 软铜线

● PVC管线路暗敷设，布线走向为横平竖直，严格按图布线，管内不得有接头和扭结。

△ 墙面布线标准

● 禁止电线直接埋入灰层，在顶面或局部承重墙开槽深度不够时，可改用BVV护套线。

● 管内导线的总截面积不得超过管内径截面积的40%。同类照明的几个支路可穿入同一根管内，但管内导线总数不得多于8根。

● 电话线、电视线、电脑线的进户线不能移动或封闭，严禁弱电与强电穿在同一根管道内。

△ 弱电、强电分管布线

● 导线盒内的预留导线长度应为 150mm，接线为相线进开关，零线进灯头；面对插座时为左零右相上接地。

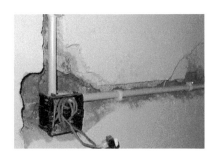

△ 线盒内预留导线

● 电源线管应预先固定在墙体槽中，要保证套管表面凹进墙面 10mm 以上（墙上开槽深度＞30mm）。

△ 穿线管埋设

● 所有入墙电线，均用 PVC 套管埋设，并用弯头、直节、接线盒等连接，不可将电源线裸露在吊顶上；禁止将导线直接用水泥抹入墙中，以免影响导线正常散热和绝缘层被碱化。

● 线管与燃气管间距：同一平面不应小于 100mm，不同平面不应小于 50mm，电器插座开关与燃气管间距不小于 150mm。

● 开关插座安装必须牢固、位置正确，紧贴墙面。开关、插座常规高度安装时必须以水平线为统一标准。

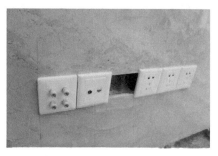

△ 插座安装

● 地面没有封闭之前，必须保护好 PVC 套管，不允许有破裂损伤，铺地板砖时 PVC 套管应被砂浆完全覆盖。钉木地板时，电源线应沿墙角铺设，以防止电源线被钉子损伤。

● 经检验电源线连接合格后，应浇湿墙面，用 1 : 2.5 的水泥砂浆封槽，表面要平整，且低于墙面 2mm。

△ 水泥封槽

● 工程安装完毕后，应对所有灯具、电器、插座、开关、电表进行断电、通电试验检查，然后在配电箱上准确标明其位置，并按顺序排列。

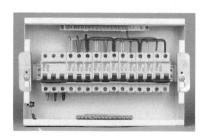

△ 配电箱中标记开关插座

● 绘制好的照明、插座、弱电图、管道在工程结束后需要留档。

5.4 估算电线用量

举例说明：确定从门口到家居各个空间中最远位置的距离，包括客厅（7m）、餐厅（4m）、主卧室（12m）、书房（12m）、儿童房（15m）、卫生间（8m）、厨房（4m）、阳台（6m）、走廊（4m）等空间，确定各个空间中灯具的数量（其中每个空间中的同一种灯具计数为1）、各功能区插座数量和各功能区大功率电器数量。

① 1.5mm² 电线用量（m）的计算

（空间最远位置至门口长度 +5）m× 空间主灯数 = 空间电线用量（m）

各个空间电线用量（m）相加 ×2= 总电线用量（m）

假设客厅的主灯数为5、餐厅的主灯数为3、主卧室的主灯数为4、书房的主灯数为3、儿童房的主灯数为2、卫生间的主灯数为3、厨房的主灯数为2、阳台的主灯数为1、走廊的主灯数为2。

客厅	（7+5）m× 主灯数 5=60（m）	卫生间	（8+5）m× 主灯数 3=39（m）
餐厅	（4+5）m× 主灯数 3=27（m）	厨房	（4+5）m× 主灯数 2=18（m）
主卧室	（12+5）m× 主灯数 4=68（m）	阳台	（6+5）m× 主灯数 1=11（m）
书房	（12+5）m× 主灯数 3=51（m）	走廊	（4+5）m× 主灯数 2=18（m）
儿童房	（15+5）m× 主灯数 2=40（m）	电线用量	所有数值相加 ×2=664（m）

② 2.5mm² 电线用量（m）的计算

（空间最远位置至门口长度 +2）m× 空间插座数 = 空间电线用量（m）

各个空间电线用量（m）相加 ×3= 总电线用量（m）

假设客厅的插座数为8、餐厅的插座数为4、主卧室的插座数为4、书房的插座数为4、儿童房的插座数为3、卫生间的插座数为3、厨房的插座数为8、阳台的插座数为2、走廊的插座数为2。

客厅	（7+2）m× 插座数 8=72（m）	卫生间	（8+2）m× 插座数 3=30（m）
餐厅	（4+2）m× 插座数 4=24（m）	厨房	（4+2）m× 插座数 8=48（m）
主卧室	（12+2）m× 插座数 4=56（m）	阳台	（6+2）m× 插座数 2=16（m）
书房	（12+2）m× 插座数 4=56（m）	走廊	（4+2）m× 插座数 2=12（m）
儿童房	（15+2）m× 插座数 3=51（m）	电线用量	所有数值相加 ×3=1095（m）

③ 4mm² 电线用量（m）的计算

（空间最远位置至门口长度 +4）m× 空间电器数 = 空间电线用量（m）

各个空间电线用量（m）相加 ×3= 总电线用量（m）

假设客厅的大功率电器为1、餐厅的大功率电器为0、主卧室的大功率电器为0、书房的大功率电器为 0、儿童房的大功率电器为 0、卫生间的大功率电器为 2、厨房的大功率电器为 1、阳台的大功率电器为 0、走廊的大功率电器为 0。

客厅	（7+4）m× 电器数 1=11（m）	卫生间	（8+3）m× 电器数 2=22（m）
餐厅	（4+3）m× 电器数 0=0（m）	厨房	（4+3）m× 电器数 1=7（m）
主卧室	（12+4）m× 电器数 0=0（m）	阳台	（6+2）m× 电器数 0=0（m）
书房	（12+4）m× 电器数 0=0（m）	走廊	（4+2）m× 电器数 0=0（m）
儿童房	（15+4）m× 电器数 0=0（m）	电线用量	所有数值相加 ×3=120（m）

由以上列表数值可以看出，需要 1.5mm² 电线数量为 664m，2.5mm² 电线数量为 1095m，4mm² 电线数量为 120m。

5.5 技能 26：电路定位

施工步骤

步骤一：了解原有户型中所有的开关、插座以及灯具的位置，并对照电路布置图纸，确定需要改动的地方。

①初步定位可采用粉笔画线，并在上面标记出线路走向，以及定位高度

②原始户型中的开关插座布置位置比较随意，大多需要重新定位。总空开的位置最好不要轻易改动，里面涉及的线路比较复杂

步骤二：定位先从入户门开始，确定开关及灯具的位置，然后看哪里需要安排插座。

①可视电话的位置需要移动，安装过高不方便使用

②灯具开关应定位在面积宽阔的墙面上，便于布线

步骤三：定位客厅，确定灯具和开关的线路走向，考虑双控开关的安装位置。若客厅为敞开式与餐厅一体，则可将餐厅与客厅的主灯开关设计在一起。

①客餐厅一体式空间，开关布线应集中在靠近过道的位置

②客厅的电路改造，要善于利用原有的线路，以减少新布线的长度

步骤四： 定位客厅，先确定电视墙的位置，再分布电视线、插座以及备用插座，并排分布在一条直线上；分布电话线在角几的一端；分布角几备用插座。

①毛坯房的电视墙一侧，通常在这里会预留2~3个插座和1个电视端口，而且位置很低，彼此的间距很大

②沙发墙一侧的插座，通常会预留在沙发的背后，不便于使用，需要重新设计位置

步骤五： 定位餐厅，围绕餐桌分布备用插座。餐桌临墙，插座宜设计在墙上，反之则设计为地插。

①面积较小的角落式餐厅，插座应设计在餐桌正靠的墙面上，开关则设计在靠近过道与厨房的位置

②餐厅灯具线路和玄关、过道灯具线路要分开布线，不能设计在一起

步骤六： 卧室开关需定位在门边，与门口保持 150mm 以上的距离，与地面保持 1200~1350mm 的距离；床头一侧需定位灯具双控开关，与地面保持 950~1100mm 的距离。

①卧室内的空调插座，应定位在侧边靠墙角的位置，或空调的正下方

②卧室内的电视插座与电视线端口，应布置在床的中间，而不应靠近窗户

步骤七：卧室床头柜两侧，各安装两个插座，一侧预留电话线端口。

床头双控开关应
安装在床头柜插
座的正上方

▲ 床头开关定位

步骤八：书房开关定位在门口，灯具定位在房间中央。插座多定位几个在书桌周围。

步骤九：卫生间灯具定位在干区的中央，浴霸、镜前灯等开关定位在门口，并设计防水罩。

坐便器位置的侧边，
需预留一个插座。洗
手柜的内侧，需预留
一个插座

▲ 卫生间插座定位

步骤十：长过道的灯具定位间距要保持一致，在过道两头设计双控开关。

步骤十一：定位空调、热水器等大功率电器插座，全部采用 4~6mm² 的电线，位置严格按照图纸定位。

5.6 技能 27：电路施工弹线

施工步骤

步骤一：对于强电箱、开关、插座或网线等端口做文字标记。

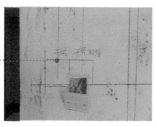

①利用原有开关
位置画线，需标
记出各部分的用
途与数量

②强电箱位置的
标准画法

步骤二：当开关、插座以及灯位等端口确定后，画出电线的走向。

①墙面中的电路画线，只可竖向或横向，不可走斜线，尽量不要有交叉

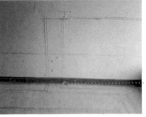

②墙面电线与地面电线衔接时，需保持线路的平直，不可有歪斜

③地面中的电路画线，不要靠墙面太近，最好保持300mm以上的距离，以免后期墙面木作施工时，对电路造成损坏

5.7 技能 28：线路开槽

（1）施工步骤

步骤一：进行地面开槽。

①开槽需严格按照画线标记进行，地面开槽的深度不可超过50mm

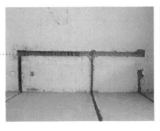

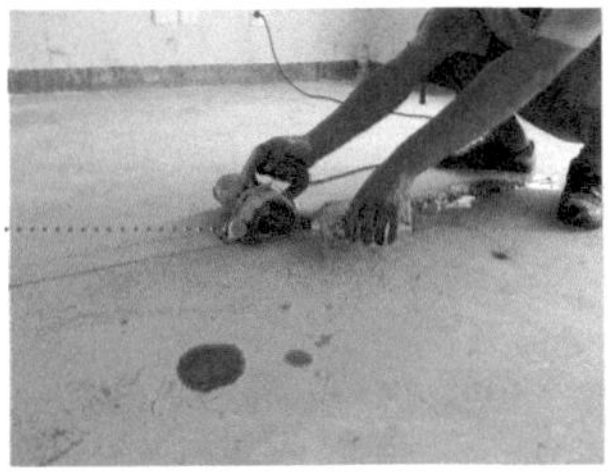

②地面90°角开槽的位置，需切割出一块三角形，便于布置穿线管的弯管

步骤二：进行墙面开槽。

①处在同一高度的插座，开一个横槽就可以

②开槽时，强电和弱电需要分开，并且保持至少150mm以上的距离

111

③开槽时要严格按照弹线开槽，这样可以保证开出的槽口平直整齐

（2）开槽施工要点

● 开槽要求位置准确，深度要按照管线的规格确定，不能开得过深。

● 暗敷设的管路保护层要大于 15mm，导管弯曲半径必须大于导管直径 6 倍。

● 开槽的深度应保持一致，一般来说，是 PVC 管的直径 +10mm。

● 如果插座在墙面靠近顶面的部分，则应在墙面垂直向上开槽，直到墙顶部顶角线的安装线内。

● 如果插座在墙面的下半部分，则应垂直向下开槽，直到安装踢脚板位置的底部。

5.8 技能 29：布管、技能 30：套管加工

（1）电路布管要求

● 按合理的布局要求布管，暗埋导管外壁距墙表面不得小于 30mm。

● PVC 管弯曲时必须使用弯管弹簧，弯管后将弹簧拉出，弯曲半径不宜过小，在管中部弯曲时，应将弹簧两端拴上钢丝，以便于拉动。

● 弯管弹簧要安装在墙面与地面的阴角衔接处。安装前，需反复地弯曲穿线管，以增加其柔软度。

△ 墙角弯管安装

● 导管与线盒、线槽、箱体连接时，管口必须光滑，线盒外侧应该套锁母，内侧应装护口。

管口 / 锁母 / 护口

△ 暗盒结构

● 敷设导管时，直管段超过 30m、含有一个弯头的管段每超过 20m、含有两个弯头的管段超过 15m、含有 3 个弯头的管段超过 8m 时，应加装线盒。

● 弱电与强电相交时，需包裹锡箔纸隔开，起到防干扰效果。

△ 交叉处包裹锡箔纸

● 用金属导管时，应设置接地。

● 为了保证不因导管弯曲半径过小而导致拉线困难，应使导管弯曲半径尽可能放大。穿管弯曲时，半径不能小于管径的 6 倍。

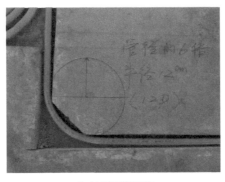

△ 地面导管弯管

● 布管排列横平竖直，多管并列敷设的明管，管与管之间不得出现间隙，拐弯处也是如此。

● 地面采用明管敷设时，应加固管夹，卡距不超过 1m。需注意，在预埋地热管线的区域内严禁打眼固定。

●管夹固定需一管一个，安装牢固，转弯处应增设管夹。

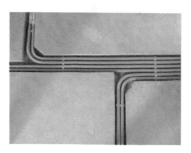

△ 管夹固定

●在水平方向敷设的多管（管径不一样的）并设线路，一般要求小规格线管靠左，依次排列，以每根管都平服为标准。

●管夹的组合有很多，有些属于组装管夹，有些属于简易管夹。

△ 管夹组合

（2）穿线管的弯管方法

① 冷煨法（管径 ≤ 25mm 时使用）

●断管：小管径可使用剪管器，大管径可使用钢锯断管，断口应锉平、铣光。

●煨弯：将弯管弹簧插入 PVC 管内需要煨弯处，两手抓牢管子两头，将 PVC 管顶在膝盖上，用手发力扳弯，逐步煨出所需弯度，然后抽出弯管弹簧。

△ 弯管弹簧

△ 弯管器

② 热煨法（管径 > 25mm 时使用）

●首先将弯管弹簧插入管内，用电炉或热风机对需要弯曲部位进行均匀加热，直到可以弯曲时为止。

● 将管子的一端固定在平整的木板上，逐步煨出所需要的弯度，然后用湿布抹擦弯曲部位使其冷却定型。

● 对规格较大的管路，没有配套的弯管弹簧时，可以把细砂灌入管内并振实，堵好两端管口。然后使用电炉或热风机对需要弯曲部位加热弯曲，待其冷却定型后，将管内的细砂倒出即可。

△ 加热弯曲部位

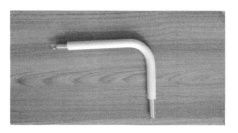
△ 弯管成品

（3）穿线管的连接方法

● 连接时可以用小刷子粘上配套的 PVC 胶黏剂，均匀地涂抹在管子的外壁上，然后将管体插入直接接头，到达合适的位置，另一根管道做同样处理。

● 穿线管用胶黏剂连接后 1 分钟内不要移动，牢固后才能移动。

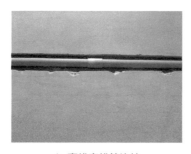
△ 直线穿线管连接

● 管路呈垂直或水平敷设时，每间隔 1m 距离时应设置一个固定点。

● 管路弯曲时，应在圆弧的两端 0.3 ~ 0.5m 处加固定点。

△ 弯管处安装管夹

● 管路进盒、进箱时，一孔穿一管。先接端部接头，然后用内锁母固定在盒、箱上，再在孔上用顶帽型护口堵好管口，最后用泡沫塑料块堵好盒口。

△ 连接暗盒

5.9 技能 31：穿线、技能 32：电线加工

（1）穿线的方法

将端头弯成小钩插入管口／引线采用直径为
1.2mm（18 号）或 1.6mm（16 号）的钢丝

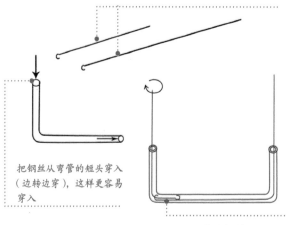

把钢丝从弯管的短头穿入（边转边穿），这样更容易穿入

先用长钢丝从一头穿入，如果钢丝在第二个转弯处不能穿出，再用短钢丝从另一头穿入，当钢丝穿过转弯处后，旋转短钢丝使两根钢丝缠绕在一起，然后抽出短钢丝把长钢丝带出来

△ 穿线细节图示

（2）穿线的要求与规范

● 强电与弱电交叉时，强电在上，弱电在下，横平竖直，交叉部分需用铝锡纸包裹。

△ 强弱电交叉

● 一般情况下，照明用 1.5mm² 电线，空调挂机插座用 2.5mm² 电线，空调柜机用 4mm² 电线，进户线为 10mm²。

△ 空调挂机插座

● 电线颜色应正确选择，三线制要求必须使用三种不同颜色的电线。一般红、绿双色为火线色标。蓝色为零线色标，黄色或黄绿双色线为接地线色标。

△ 红绿蓝三色电线

● 同一回路电线需要穿入同一根线管中，但管内总电线数量不宜超过 8 根，一般情况下 Φ16mm 的电线管内不宜布置超过 3 根电线，Φ20mm 的电线管内不宜布置超过 4 根电线。

△ 接头采用绝缘胶布包缠

● 电线总截面面积（包括外皮）不应超过管内截面面积的 40%。
● 强电与弱电不应穿入同一根管线内。
● 电源线插座与电视线插座的水平间距不应小于 50mm。
● 接电源插座的连线时，面向插座的左侧应接零线，右侧应接火线，中间上方应接地线。

△ 插座标准接线方法

● 空调、浴霸、电热水器、冰箱的线路需从强电箱中单独引至安装位置。

● 所有导线安装必须穿入相应的 PVC 管中，且在管内的线不能有接头。穿入管内的导线接头应设在接线盒中，导线预留长度不宜超过 15cm，接头搭接要牢固，用绝缘带包缠，要均匀紧密。所有导线分布到位并确认无误后即可进行通电测试。

● 线管内事先穿入引线，之后将待装电线引入线管之中，利用引线可将穿入管中的导线拉出，若管中的导线数量为 2~5 根，则应一次穿入。

△ 穿线准备

△ 火线、零线穿线

（3）电线加工方法及步骤

① 剥除电线绝缘层

步骤一：首先根据所需的端头长度，用刀具以 45° 左右的角度倾斜切入绝缘层。

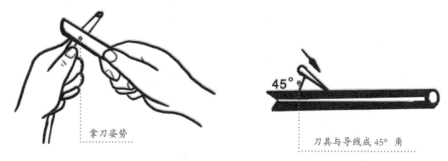

拿刀姿势

刀具与导线成 45° 角

步骤二：然后用左手拇指推动刀具的外壳，即用美工刀以 15° 左右的角度均匀用力向端头推进，一直推到末端。

以 15° 角斜割

在根部切除

步骤三：除了步骤二中的方式以外，还可以用左手拇指按住已经翘起的那部分，这样可以让余下的部分顺利地切除下来；再削去一部分塑料层，并把剩余的部分下翻；最后用刀具将下翻的部分连根切除，露出线芯。

步骤四：线芯面积大于等于 4mm² 的塑铜线绝缘层，可以用美工刀或者电工刀来剥除；线芯面积在 6mm² 及以上的塑铜线绝缘层，可以用剥线钳来剥除。

② 连接单芯铜导线

● 绞接法（适用于线芯面积为 4mm² 及以下的单芯连接）

步骤一：将两线互相交叉，用双手同时把两线芯互绞 3 圈。

12mm

两线交叉

互绞 3 圈

步骤二：将两个线芯分别在另一个线芯上缠绕 5 圈左右，剪掉余线，压紧导线。

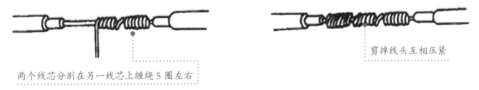

两个线芯分别在另一线芯上缠绕 5 圈左右

剪掉线头互相压紧

● 缠绕卷法直接连接（适用于线芯 6mm² 及以上单芯线的连接）

步骤一：将要连接的两根导线接头对接，中间填入一根同直径的线芯，然后用绑线（直径为 1.6mm 左右的裸铜线）在并合部位中间向两端缠绕，其长度为导线直径的 10 倍左右，然后将添加线芯的两端折回，将铜线两段继续向外单独缠绕 5 圈，将余线剪掉。

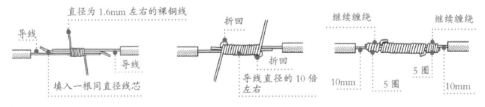

直径为 1.6mm 左右的裸铜线　折回　继续缠绕　继续缠绕

导线　导线　折回　5 圈

填入一根同直径线芯　导线直径的 10 倍左右　10mm　5 圈　10mm

▲ 直接连接法示意（同芯）

步骤二：当连接的两根导线直径不相同时，先将细导线的线芯在粗导线的线芯上缠绕 5 ~ 6 圈，然后将粗导线的线芯的线头回折，压在缠绕层上，再用细导线的线芯在上面继续缠绕 3 ~ 4 圈，剪去多余线头即可。

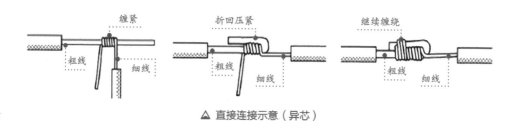

▲ 直接连接示意（异芯）

● 缠绕卷法分支连接（适用于线芯 6mm² 及以上单芯线的连接）

步骤一：T 字连接法。先将支路线芯的线头紧密缠绕 5 ~ 8 圈后，使支路线芯保持垂直，然后剪去多余线头即可。

▲ T 字连接法示意

步骤二：十字连接法。将上下支路的线芯缠绕在干路线芯上 5 ~ 8 圈后剪去多余线头即可。支路线芯可以向一个方向缠绕也可以向两个方向缠绕。

▲ 十字连接法示意

③ 制作单芯铜导线的接线圈

采用平压式接线方法时，需要用螺钉加垫圈将线头压紧完成连接。家装用的单芯铜导线相对而言载流量小，所以有的需要将线头做成接线圈。其制作步骤如下。

步骤一：将绝缘层剥除，距离绝缘层根部 3mm 处向外侧折角。

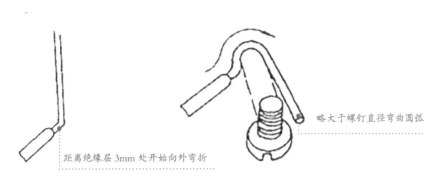

略大于螺钉直径弯曲圆弧

距离绝缘层 3mm 处开始向外弯折

步骤二：按照略大于螺钉直径的长度弯曲圆弧，再将多余的线芯剪掉，修正圆弧即可。

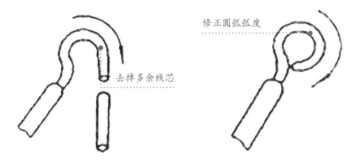

修正圆弧弧度

去掉多余线芯

④ 制作单芯铜导线盒内封端

步骤一：剥除需要连接的导线绝缘层。

步骤二：将连接段并合，在距离绝缘层大于 15mm 的地方绞缠 2 圈。

步骤三：剩余的长度根据实际需要剪掉一些，然后把剩下的线折回压紧。

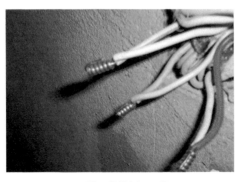

▲ 剩下的线折回压紧

⑤ 连接多股铜导线

● 单卷连接法直接连接

步骤一：把多股导线线芯顺次解开，并剪去中心一股，再将各张开的线端相互插嵌，使每股线的中心完全接触。

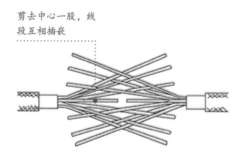

剪去中心一股，线段互相插嵌

步骤二：把张开的各线端合拢，取任意两股同时缠绕 5~6 圈后，另换两股缠绕，割掉余线，再缠绕 5~6 圈后采用同样方法，调换两股缠绕。

任意两股同时缠绕 5~6 圈
后更换两股重复缠绕　　　　　　　　长度约 10 倍线径

步骤三：以此类推，缠绕到电线的剖开处为止。选择两股缠线互相扭绞 3~4 圈，余线剪掉，余留部分用钳子敲平，使其各线紧密缠绕。再用同样方法连接另一端。

● 单卷连接法分支连接

步骤一：先将分支线端解开，拉直擦净分为两股，各折弯 90° 后附在干线上。

步骤二：一边用另备的短线做临时绑扎，另一边在各单线线端中任意取出一股，用钳子在干线上紧密缠绕 5 圈，余线压在里面或割去。

步骤三：调换一根，用同样方法缠绕 3 圈，以此类推，缠绕至距离干线绝缘层 15mm 处为止，再用同样方法缠绕另一端。

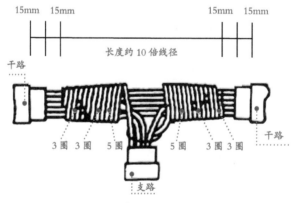

15mm　15mm　　　　　　　15mm　15mm

长度约 10 倍线径

干路　　　　　　　　　　　　　　　　　干路

3 圈　3 圈　5 圈　　5 圈　3 圈　3 圈

支路

△ 分支连接细节

● 缠绕卷法直接连接

步骤一：将剥去绝缘层的导线拉直，在其靠近绝缘层的一端约 1/3 处绞合拧紧，将剩余 2/3 的线芯摆成伞状，另一根需连接的导线也如此处理。

步骤二：将两部分伞状线芯对着互相插入，捏平线芯，然后将每一边的线芯分成3组，先将一边的第一组线头翘起并紧密缠绕在线芯上。

步骤三：再将第二组线头翘起，缠绕在线芯上，同样方法操作第三组。

步骤四：以同样的方式缠绕另一边的线头，之后剪去多余线头，并将连接处敲紧。

▲ 直接连接步骤示意

● 缠绕卷法分支连接

连接步骤：多股铜导线的T字分支连接有两种方法。一种方法是将支路线芯折弯90°后与干路线芯并行，然后将线头折回并紧密缠绕在线芯上即可；

另一种方法是将支路线芯靠近绝缘层的约1/8线芯绞合拧紧，其余7/8线芯分为两组，一组插入干路线芯当中，另一组放在干路线芯前面，并朝右边方向缠绕4~5圈。再将插入干路线芯当中的那一组朝左边方向缠绕4~5圈，连接好导线。

▲ T字分支连接示意（一）

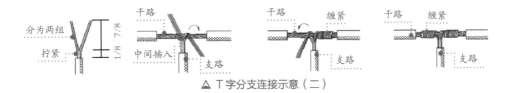

▲ T字分支连接示意（二）

● 缠绕卷法单、多股导线连接

连接步骤：先将多股导线的线芯拧成一股，再将它紧密地缠绕在单股导线的线芯上，缠绕5~8圈，最后将单芯导线的线头部分向后折回即可。

▲ 单股导线／多股导线连接步骤示意

● 缠绕卷法同一方向导线连接

步骤一：连接同一方向的单股导线，可以将其中一根导线的线芯紧密地缠绕在其他导线的线芯上，再将其他导线的线芯头部回折压紧即可。

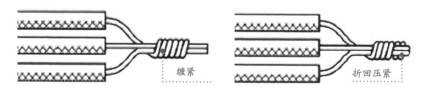

步骤二：连接同一方向的多股导线，可以将两根导线的线芯交叉，然后绞合拧紧。

步骤三：连接同一方向的单股导线和多股导线，可以将多股导线的线芯紧密地缠绕在单股导线上，再将单股导线的端头部分折回压紧即可。

● 缠绕卷法护套线与电缆的连接

连接步骤：连接双芯护套线、三芯护套线及多芯电缆时可使用绞接法，应注意将各芯的连接点错开，以防止短路或漏电。

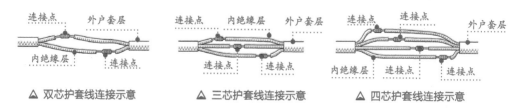

▲ 双芯护套线连接示意　　▲ 三芯护套线连接示意　　▲ 四芯护套线连接示意

⑥ 装接导线出线端子

导线两端与电气设备的连接叫作导线出线端子装接。导线出线端子的装接方法见下表。

方法	内容
针孔式接线桩头装接（粗导线）	将导线线头插入针孔，旋紧螺钉即可
针孔式接线桩头装接（细导线）	将导线头部向回弯折成两根，再插入针孔，旋紧螺钉即可
$10mm^2$ 单股导线装接	一般采用直接接法，将导线端部弯成圆圈，将弯成圈的线圈压在螺钉的垫圈下，拧紧螺钉即可
软线的装接	将软线绕螺钉 1 周后再自绕 1 圈，然后将线头压入螺钉的垫圈下，拧紧螺钉
多股导线装接	横截面不超过 $10mm^2$、股数为 7 股及以下的多股线芯，应将线头做成线圈后压在螺钉的垫圈下，拧紧螺钉
$10mm^2$ 以上的多股铜线或铝线的装接	铜接线端子装接，可采用锡焊或压接，铝接线端子装接一般采用冷压接

△ 针孔式接线桩头装接示意

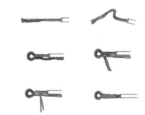

△ 7 股及以下多股线线芯圈制作示意

⑦ 恢复导线绝缘

导线连接时会去除绝缘层，完成后须对所有绝缘层已被去除的部位进行绝缘处理。通常采用绝缘胶带进行缠裹包扎。一般 220V 电路采用黄蜡带、黑胶布带或塑料胶带，在潮湿场所应使用聚氯乙烯绝缘胶带或涤纶绝缘胶带。

恢复导线绝缘有一字形导线接头处理、T 字分支接头处理以及十字分支接头处理三种方法。

● 一字形导线接头的绝缘处理

先包缠一层黄蜡带，再包缠一层黑胶布带。将黄蜡带从接头左边绝缘完好的绝缘层上开始包缠，包缠 2 圈后进入剥除了绝缘层的线芯部分，包缠时黄蜡带应与导线成 55° 左右的倾斜角，每圈压叠带宽的 1/2，直至包缠到接头右边两圈距离的完好绝缘层处。然后将黑胶布带接在黄蜡带的尾端，按另一斜叠方向从右向左包缠，仍每圈压叠带宽的 1/2，直至将黄蜡带完全包缠住。

△ 一字形导线接头的绝缘处理示意

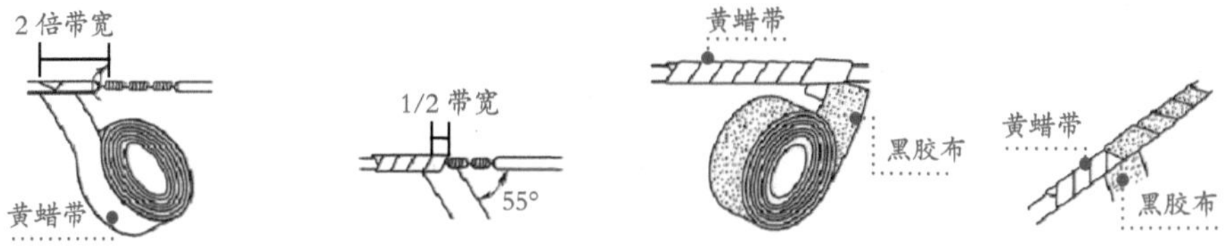

● 十字分支接头的绝缘处理

对导线的十字分支接头进行绝缘处理时，要走一个十字形的来回，使每根导线上都包缠两层绝缘胶带，每根导线也都应包缠到完好绝缘层的2倍胶带宽度处。

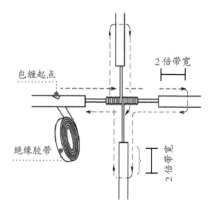

△ 十字分支接头的绝缘处理示意

● T字分支接头的绝缘处理

T字分支接头的绝缘处理基本方法与十字形分支接头的绝缘处理方法类似。T字分支接头的包缠方向，要走一个T字形的来回，使每根导线上都包缠两层绝缘胶带，每根导线都应包缠到完好绝缘层的2倍胶带宽度处。

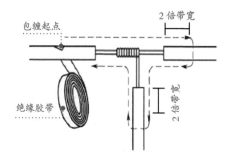

△ T字分支接头的绝缘处理示意

5.10 技能33：电路测试与施工验收

（1）电路测试内容

① 强电检测

● 检测插座通电情况，详见后文。

● 照明采用亮灯测试。

● 室内完全重新布线的家居，如别墅、老房（二手房）强电系统，需要用500V绝缘电阻表测试绝缘电阻值。按照标准，接地保护应可靠，导线间和导线对地间的绝缘电阻值应大于0.5MΩ。

② 弱电检测

● 弱电测试可采用指针式或数字式万用表测试信号通断。

● 对于网络等多芯信号线测试，可用专用网络测试仪进行测试。

（2）电路施工验收内容

● 检查材料是否符合卫生标准和使用要求，型号、品牌是否与合同相符。

● 定位画线后，检查定位及线路的走向是否符合图纸设计，有无遗漏的项目。

● 检查槽路是否横平竖直，槽路底层是否平整无棱角。

● 检验材料是否为合格品，所选电线的大小是否符合敷设要求。

● 检查电路管道的敷设，是否符合规范要求，包括强电管路和弱电管路。

● 查看电线穿管情况，中间是否没有接头，盒内预留的电线数量、长度是否达标，吊顶内的电线是否用防水胶布做了处理。

● 与水路相近的电路，槽路是否做了防水和防潮处理。

● 电箱和暗盒的安装是否平直，误差是否符合要求，埋设得是否牢固。

● 电箱的规格、电箱内的空气开关设计是否与图纸相符。

● 电线与其他线路的距离是否达到要求数值。

● 检查同一个室内的开关、插座高度是否符合安装规范，误差是否在要求数值之内。

● 打开电箱，查看强电箱、弱电箱是否能够完全对室内线路进行控制。

● 强电箱内是否所有电路都有明确的支路名称，电箱安装是否牢固，包括内部空气开关。

5.11 技能34：安装开关、插座

（1）开关、插座的安装高度

① 开关的安装位置

● 开关安装高度一般离地面1.2~1.4m，且处于同一高度的高差不能超过5mm。

● 门旁边的开关一般安装在门右边，且不能在门背后。开关边缘距门边0.1~0.2m。

● 几个开关并排安装或多位开关，应将控制电器位置与各开关功能件位置相对应，如最左边的开关应当控制相对最左边的电器。

● 靠墙书桌、床头柜上方0.5m高度处可安装必要的开关，以便于用户不用起身也可以控制室内电器。

● 厨房、卫生间、露台的开关在安装时应尽可能避免靠近用水区域。如必须靠近，则应配置开关防溅盒。

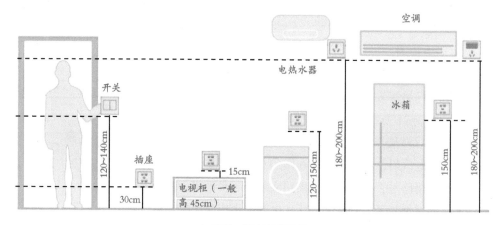

△ 开关、插座高度示意

② 插座的安装位置

插座用途	距地面高度	备注
电冰箱	0.3m 或 1.5m	宜选择单三极插座
分体式、挂式空调	1.8m	宜根据出线管预留洞位设置
窗式空调	1.4m	在窗口旁设置
柜式空调	0.3m	—
电热水器	1.8 ~ 2.0m	安装在热水器右侧，不要将插座设在电热水器上方
燃气热水器	1.8m 或 2.3m	—
电视机	0.2 ~ 0.25m（在电视柜下面的插座） 0.45 ~ 0.6m（在电视柜上面的插座） 1.1m（壁挂电视插座）	—
坐便器	0.35m	需要用防水插座
洗衣机	1.2 ~ 1.5m	宜选择带开关三极插座

插座用途	距地面高度	备注
吸油烟机	2.15 ~ 2.2m	根据橱柜设计，最好能为脱排管道所遮蔽
微波炉	1.6m	—
垃圾处理器	0.5m	放在水槽相邻的柜子里
小厨宝	0.5m	放在水槽相邻的柜子里
消毒柜	0.5m	在消毒柜后面
露台	1.4m 以上	尽可能避开阳光、雨水所及范围

（2）暗盒预埋施工步骤

步骤一：按照稳埋盒、箱的正确方式将线盒预埋到位。

△ 预埋暗盒

步骤二：管线按照布管与走线的正确方式敷设到位。

△ 敷设线路

步骤三：用錾子轻轻地将盒内残存的灰块剔掉，同时将其他杂物一并清出盒外，再用湿布将盒内灰尘擦净。若导线上有污物也应一起清理干净。

△ 清理暗盒

步骤四：先将盒内甩出的导线留出 15 ~ 20cm 的维修长度，削去绝缘层，注意不要碰伤线芯，如开关、插座内为接线柱，则将导线按顺时针方向盘绕在开关、插座对应的接线柱上，然后旋紧压头。

△ 暗盒接线

（3）开关安装施工步骤

步骤一：理顺盒内导线。当一个暗盒内有多根导线时，导线不可凌乱，应彼此区分开。

△ 理顺凌乱导线

步骤二：将盒内导线盘成圆圈，放置于开关盒内。

△ 导线盘成圆圈

步骤三：电线的端头需缠绝缘胶布或安装保护盖，暗藏在暗盒内，不可外露出来。

步骤四：准备安装开关前，应用锤子清理边框。

△ 锤子清理边框

步骤五：将火线、零线等按照标准连接在开关上。

△ 开关接线

步骤六：水平尺找平，及时调整开关保证水平。

△ 水平尺调整

步骤七：用螺丝钉固定开关，盖上装饰面板。螺丝拧紧的过程中，需不断调节开关的水平，最后盖上面板。

△ 安装面板

（4）开关安装注意事项

● 安装在同一房间中的开关，宜采用同一系列的产品，且翘板开关的开、关方向应一致。

● 同一室内的开关与开关、插座与插座的水平位置应一致。

● 一般住宅不得采用软线引到床边的床头开关上。

● 接线时，应将线盒内的导线捋顺，依次接线后，将盒内的导线盘成圆圈，放在开关盒中。

● 窗上方、吊柜上方、管道背后、单扇门后均不应安装控制灯具的开关。

● 多尘潮湿的场所应选择防水瓷质拉线开关或加装防水盖。

（5）检测开关

检测开关面板需要用万用表（具体使用方法可参照本书 2.5 节中的万用表相关内容）。检测开关面板的操作要点见下表。

方法	内容
电阻检测	用万用表电阻挡检测开关面板（未接电情况下）接线端的火线端头、零线端头通断功能是否正常。开关接通时电阻应显示为 0，断开时显示为 ∞，如果始终显示为 0 或者 ∞ 说明连接异常
手感检测	开关手感应轻巧、柔和，没有滞涩感，声音清脆，打开、关闭应一次到位
外表检测	面板表面应完好，没有任何破损、残缺，没有气泡、飞边以及变形、划伤

（6）插座安装施工步骤

安装步骤：插座安装有横装和竖装两种方法。横装时，面对插座的右极接火线，左极接零线。竖装时，面对插座的上极接火线，下极接零线。单相三孔及三相四孔的接地或接零线均应在上方。

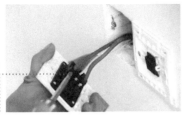
①火线、地线以及零线需连接正确，并拧紧导线与开关的固定点

②用螺丝拧紧插座面板，并及时调整水平

（7）插座安装注意事项

● 同一室内的强、弱电插座面板应在同一水平高度上，差距应小于5mm，间距应大于50mm。

● 为了避免交流电源对电视信号的干扰，电视线线管、插座与交流电源线管、插座之间应有50mm以上的距离。

● 安装的插座面板应紧贴墙面，四周没有缝隙，安装牢固，表面光滑整洁，没有裂痕、划伤，装饰帽齐全。

● 当插座上方有暖气管时，其间距应大于200mm，下方有暖气管时，其间距应大于300mm。

● 在潮湿场所，应采用密封良好的防水防溅插座，高度不能低于1500mm。

● 儿童房不采用安全插座时，插座的安装高度不应低于1800mm。

（8）检测插座

插座的检测方式有电阻检测和插座检测仪检测两种。

● 电阻检测：插座的火线、零线、地线之间正常情况下均不通，即万用表检测时显示为∞，如果出现短路，则不能够安装。

● 插座检测仪检测：可以使用插座检测仪检验接线是否正确，通过观察验电器上N、PE、L三盏灯的亮灯情况，判断插座是否能正常通电。

△ 插座检测仪

	N	PE	L
接线正确	○	●	●
缺地线	○	●	○
缺火线	○	○	○
缺零线	○	●	●
火零错	●	●	○
火地错	●	○	●
火地错／并缺地	●	●	●

△ 亮灯图表

（9）插座面板线路结构

插座面板的接线要求为"左零右火"，L接火线，N接零线。

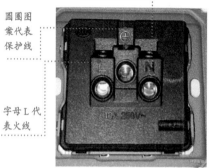

字母 N 代表零线

圆圈图案代表保护线

字母 L 代表火线

▲ 三孔插座背面结构

保护线 PE

零线 N　　火线 L

▲ 三孔插座正面结构

保护线 PE

火线 L　　火线 L1

火线 L2

▲ 四孔插座正面结构

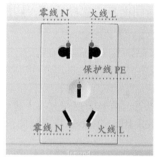

零线 N　　火线 L

保护线 PE

零线 N　　火线 L

▲ 五孔插座正面结构

（10）在插座上实现开关控制插座

有一些插座的面板上同时带有开关，可以通过开关来控制插座电路的通断，使用起来更方便，可以避免经常拔插插头，如洗衣机插座。采用此种类型的插座，不使用时可以直接关闭开关来断电，而不需要拔下插头。但面板上的插座和开关是独立的，为了实现用开关控制插座，需要将其连接。连接方法如下。

步骤一：从开关开始，L 接火线，L1 或 L2 中的一个接到插座上的 L 孔，另一个孔空出来。

步骤二：插座上的 N 接零线，插座上的地线接口接通地线，连接完成。

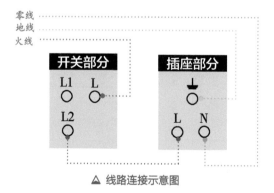

▲ 线路连接示意图

L1　火线　地线

接 L2 时 L1 空出不接，接 L1 时 L2 空出不接。两者的区别在于，一个是按钮上端按下处于开启状态，一个是按钮下端按下处于开启状态

地线

零线　　火线

零线

L2

△ 三孔插座带开关正面结构　　△ 三孔插座带开关背面结构

（11）连接电视插座

步骤一：处理电缆端头。电缆端头剥开绝缘层露出线芯约 20mm，金属网屏蔽线露出约 30mm。

△ 处理电线端头

步骤二：与插座面板连接。电缆横向从金属压片穿过，线芯接中心，屏蔽网由压片压紧，拧紧螺钉。

△ 面板接线

步骤三：安装面板。在螺丝拧紧的过程中，找好水平，然后盖上保护盖。

△ 拧紧螺丝

△ 盖上保护盖

（12）连接四芯线电话插座

步骤一：处理电缆端头。将电话线自端头约20mm处去掉绝缘皮，注意不能伤害到线芯。

△ 处理电缆端头

步骤二：与电话插座连接。将四根线芯按照盒上的接线示意连接到端子上，有卡槽的放入卡槽中固定好。

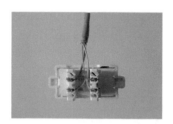

△ 电话插座接线

步骤三：安装面板。电话插座经常挨着普通插座，因为彼此顶部要平行，中间不能留有缝隙。

△ 安装面板

（13）连接网线插座

步骤一：处理网线端头。将距离端头 20mm 处的网线外层塑料套剥去，注意不要伤害到线芯，将导线散开。

△ 处理网线端头

步骤二：与网线插座连接。

①插线时每孔进2根线，色标下方有4个小方孔，分为A、B色标，一般用B色标

②打开色标盖

③将网线按色标分好，注意将网线拉直

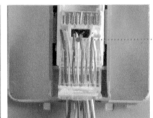

④将网线按照色标顺序卡入线槽

⑤反复拉扯网线，确保接触良好，合拢色标盖时，用力卡紧色标盖

⑥完成效果图

步骤三：固定面板。面板保证横平竖直，与墙面固定严密。

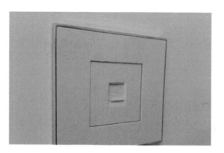

△ 固定面板

5.12 技能 35：安装家用配电箱

（1）强电箱安装步骤

步骤一：根据预装高度与宽度定位画线。

△ 强电箱定位

步骤二：用工具剔出洞口，敷设管线。若剔洞时，内部有钢筋，则应重新设计位置。

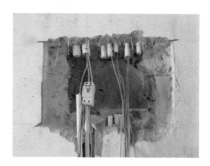

△ 剔洞

步骤三：将强电箱箱体放入预埋的洞口中稳埋。

△ 强电总箱套杯梳

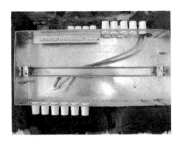

△ 强电总箱埋设

步骤四：将线路引进电箱内，安装断路器、接线。

△ 安装断路器

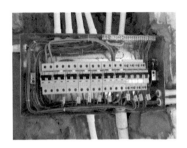

△ 强电箱接线

步骤五：检测电路，安装面板，并标明每个回路的名称。

△ 绝缘电阻测试

△ 标明回路名称

（2）弱电箱安装步骤

步骤一：根据预装高度与宽度定位画线。

△ 弱电箱定位

步骤二：用工具剔出洞口、埋箱，敷设管线。

△ 剔洞、敷设管线

步骤三：根据线路的各自用途压制相应的插头。

△ 弱电箱箱体

△ 隐埋弱电箱

步骤四：测试线路是否畅通。

△ 压制插头，测试

步骤五：安装模块条、安装面板。

△ 完成成品

5.13 技能36：安装吊灯、技能37：安装吸顶灯

（1）灯具安装要求

● 灯具及配件应齐全，无机械损伤、变形、油漆剥落和灯罩破裂等缺陷。

● 安装灯具的墙面、吊顶上的固定件的承载力应与灯具的重量相匹配。

● 吊灯应装有挂线盒，每只挂线盒只可装一套吊灯。

● 吊灯表面不能有接头，导线截面不应小于 $0.4mm^2$。重量超过 1kg 的灯具应设置吊链，重量超过 3kg 时，应采用预埋吊钩或螺栓方式固定。

● 吊链灯具的灯线不应承受拉力，灯线应与吊链编在一起。

● 荧光灯作光源时，镇流器应装在火线上，灯盒内应留有余量。

● 螺口灯头火线应接在中心触点的端子上，零线应接在螺纹的端子上，灯头的绝缘外壳应完整，无破损和漏电现象。

● 固定花灯的吊钩，其直径不应小于灯具挂钩，且灯的直径不得小于 6mm。

● 采用钢管作为灯具吊杆时，钢管内径不应小于10mm；钢管壁厚度不应小于1.5mm。

● 以白炽灯作光源的吸顶灯具不能直接安装在可燃构件上；灯泡不能紧贴灯罩；当灯泡与绝缘台之间的距离小于 5mm 时，灯泡与绝缘台之间应采取隔热措施。

● 软线吊灯的软线两端应做保护扣，两端线芯应搪锡。

● 同一室内或场所成排安装的灯具，其中心线偏差不应大于 5mm。

● 灯具固定应牢固。每个灯具固定用的螺钉或螺栓不应少于 2 个。

（2）吊灯、吸顶灯安装步骤

吊灯与吸顶灯的安装方法相同。以吸顶灯为例，安装要点如下。

步骤一：对照灯具底座画好安装孔的位置，打出尼龙栓塞孔，装入栓塞。

步骤二：将接线盒内电源线穿出灯具底座，用线卡或尼龙扎带固定导线以避开灯泡发热区。

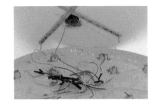

步骤三：用螺钉固定好底座。

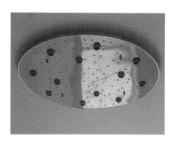

步骤四：安装灯泡。

步骤五：测试灯泡。

步骤六：安装灯罩。

步骤七：安装完成，测试效果。

5.14 技能 38：安装筒灯、技能 39：安装射灯

（1）准备安装工具

△ 螺丝刀 　　　　　　　△ 电钻 　　　　　　　△ 开孔器

（2）筒灯、射灯安装步骤

步骤一：开孔定位，吊顶钻孔。

筒灯开孔尺寸	
灯具直径	开孔尺寸
Φ125	Φ100
Φ150	Φ125
Φ175	Φ150

△ 根据画线位置开孔

步骤二：将导线上的绝缘胶布撕开，并与筒灯相连接。

△ 准备接线

步骤三：将筒灯安装进吊顶内，并按严实。

△ 安装筒灯

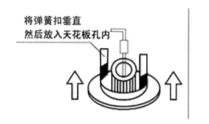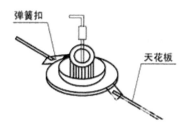

△ 筒灯安装图解

步骤四：开关筒灯控制开关，测试筒灯的照明是否正常。

△ 测试筒灯

5.15 技能 40：安装暗光灯带

暗光灯带安装步骤

步骤一：将吊顶内引出的电源线与灯具电源线的接线端子可靠连接。

步骤二：将灯具电源线插入灯具接口。

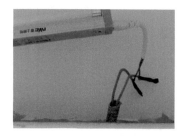

步骤三：将灯具推入安装孔或者用固定带固定。

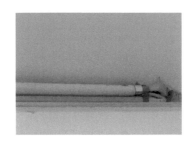

步骤四：调整灯具边框。

步骤五：安装完成，测试效果。

5.16 技能 41：安装浴霸

浴霸安装步骤

浴霸安装的具体内容见下表。

步骤	内容	图片
安装前的准备	确定浴霸类型；确定浴霸安装位置；开通风孔（应在吊顶上方 150mm 处）；安装通风窗；吊顶准备（吊顶与房屋顶部形成的夹层空间高度不得小于 220mm）	—
取下面罩	取下面罩，把所有灯泡拧下，将弹簧从面罩的环上脱开并取下面罩	—

步骤	内容	图片
接线	将软线的一端与开关面板接好，另一端与电源线一起从天花板开孔内拉出，打开箱体上的接线柱罩，按接线图及接线柱标志所示接好线，盖上接线柱罩，用螺栓将接线柱罩固定，然后将多余的电线塞进吊顶内，以便箱体能顺利塞进孔内	—
连接通风管	把通风管伸进室内的一端拉出套在离心通风机罩壳的出风口上	
把箱体推进孔内	根据出风口的位置选择正确的方向，把浴霸的箱体塞进孔穴中，用 4 颗直径 4mm、长 20mm 的木螺钉将箱体固定在吊顶木档上	
安装面罩	将面罩定位脚与箱体定位槽对准后插入，把弹簧勾在面罩对应的挂环上	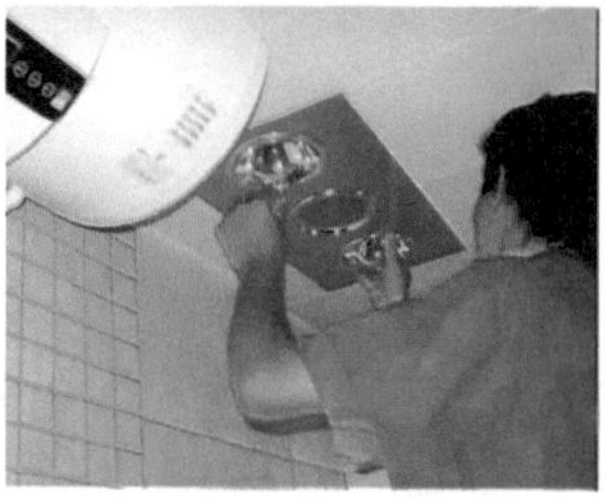
安装灯泡	细心地旋上所有灯泡，使之与灯座保持良好的接触，然后将灯泡与面罩擦拭干净	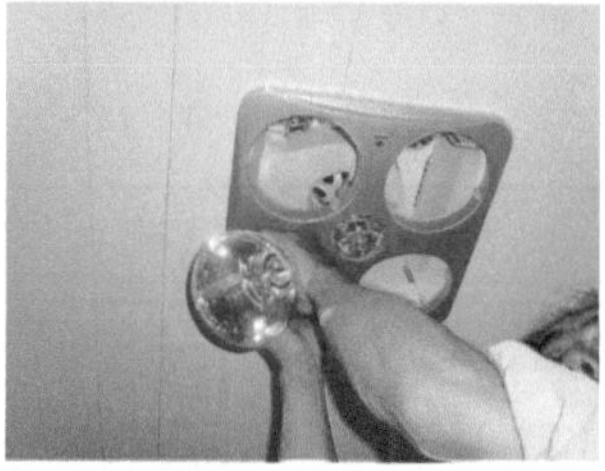
固定开关	将开关固定在墙上，并防止使用时电源线承受拉力	—

第6章
水电常见问题处理与维修

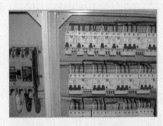

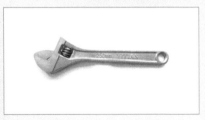

▲

- ◆ 常见的水路故障及维修方法
- ◆ 家用电路故障及维护方案

6.1 水路修缮

6.1.1 技能 42：更换排水管存水弯

（1）准备工具

△ 扳手　　　　　　　　△ 水桶　　　　　　　　△ 螺丝刀

△ 存水弯　　　　　　　△ 生料带

（2）维修步骤

步骤一：如果存水弯的弯曲部分底部安装有放水塞，则可用扳手拆下放水塞，并将存水弯内的水排到桶里。如果没有放水塞，则应该拧松滑动螺母并将它们移到不碍事的地方。

步骤二：如果存水弯是旋转型的，那么存水弯的弯曲部分是可以自由拆卸的。在拆卸时要使存水弯保持直立，并在将该部分拆下来后将里面的水倒掉。如果存水弯是固定的，不能旋转，则拧下排水管法兰处的尾管滑动螺母和存水弯顶部的滑动螺母。将尾管向下推入存水弯内，然后顺时针拧存水弯，直到将存水弯内的水排出为止。拔出尾管，拧开固定存水弯的螺丝，将存水弯从排水道延长段或排水管上拆下。

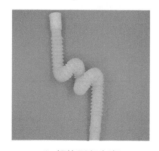

△ 螺旋型存水弯

步骤三：根据需要，购买直径合适的排水管存水弯、新尾管、排水道延长段或其他配件。旋转型存水弯是最易于使用的，因为可以很方便地对它进行调整，改变它的角度或使其与排水管（或其他构件）对齐。存水弯上的放水塞使用起来也很方便，有了它，不必拆下存水弯就能清理水管。

步骤四：按正确顺序更换零件，确保将滑动螺母、压力密封带或大垫圈安装在管道的相应部分。先用滑动螺母将零件松散地连在一起，然后进行最后的调整，使管道相互对齐之后，再将螺母拧紧，紧密程度适中即可，不要太紧。更换存水弯时通常不需要使用管道工的胶带或接缝填料。

步骤五：立即向新存水弯中放水，这样既可以检查是否漏水，又可以通过存水形成阻挡下水道气体的重要屏障。

△ 更换存水弯

6.1.2 技能43：排水管堵塞解决办法

维修步骤

步骤一：关上水龙头，以免堵塞处积水更多。

步骤二：伸手到排水管或污水管口揭开地漏，清除堵塞物。室外的下水道可能堆积了落叶或泥沙，以致淤塞。

步骤三：洗脸盆或洗涤槽的排水管若无明显的堵塞物，可用湿布堵住溢流孔，然后用搋子（俗称水拔子）排除堵塞物。

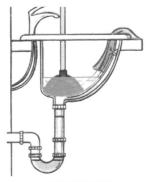

△ 水拔子排除堵塞物

步骤四：水开始排出时，应继续灌水，冲掉余下的废物。

步骤五：如果撅子无法清除洗涤槽或洗脸盆污水管的堵塞物，可在存水弯管下放一只水桶，拧下弯管，清除里面的堵塞物。新式存水弯管是塑料制成的，用手就可以拧下来，用扳手拧时则不要太用力。

步骤六：如果是排水管堵塞，可用一根坚硬而有弹性的通管捅掉堵塞物。

6.1.3　技能 44：排水管漏水及解决方法

（1）常见的漏水情况

● 水管接头漏水。这种情况一般属于比较轻微的漏水，解决起来也不难，多数时候是由于水管和水龙头没衔接好造成的。

● 下水管漏水。水管硬化或者长时间异物堵住水管导致破裂。

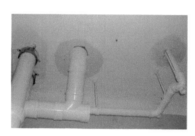

△ 下水管漏水

● 铁水管漏水。多数情况是由于长时间滴水而没有及时更换水管，导致水管生锈腐蚀。

● 塑料水管漏水。水管硬化或者长时间异物堵住水管导致破裂。

（2）排水管漏水维修方法

① 水管接头漏水解决方法

家里的水管接头漏水，除了换个新的以外，还有什么好办法？如果水管接头本身坏了，那只能换个新的；丝口处漏水可将其拆下，没有胶垫的要装上胶垫，胶垫老化了的要换个新的，丝口处涂上厚白漆再缠上麻丝后装上，或用生料带缠绕也一样。如果是胶接或熔接处漏水就困难些了，自己较难解决，需要请专业人士来处理。如果是由于水龙头内的轴心垫片磨损所致，可使用钳子将压盖拴转松并取下，以夹子将轴心垫片取出，换上新的轴心垫片即可。

② 下水管漏水解决方法

● 如果是 PVC 水管漏水，可以买一根 PVC 水管自己动手接上。先把坏了的管子割断，把接口先套进管子的一端，使另外一端的割断位置正好与接口的另外一个口子齐平，使它刚好能够弄直，然后把直接头往这一端送，使两端都有一定的交叉距离（长度）。然后把它拆卸下来，将 PVC 胶水涂抹在直接的两端内侧与两个下水管的外侧进行连接。

- 可以用防水胶带来修补下水管。先用防水胶带缠住水管，再将砂浆防水剂和水泥抹上去就行了。

- 在自己不能处理的情况下，应找专业的公司进行修理。

③ 铁水管漏水解决方法

- 若直径2cm的铁水管漏水，但是铁水管没有锈渍，应该只是部分位置破坏。此时把水管总阀关闭，更换该位置的铁水管即可。切断该位置水管，用车丝用的器械车丝扣，再接上连接头即可。

- 若直径2cm的铁水管漏水，是因为整体水管锈蚀所致，应把水管总阀关闭，把该段水管整体换掉，两头套上螺丝扣拧上。

- 直径20cm的铁水管漏水，如果是连接头出现问题就要换掉接头部分。如果是管身出现漏水，则需要先磨去原管身的锈渍，再采用焊接方法修补，注意需要在修补位置镶嵌一块与水管贴合紧密的铁板做加固处理。

④ 塑料水管漏水解决方法

- 先用小钢锯把漏水的地方锯掉，锯口要平。
- 用砂纸把新露出的端口轻轻打磨，不要太多。
- 用干净的布将端口擦拭干净。
- 用专用胶水涂在端口上，稍微晾一会儿，趁此时在"竹节"接头内涂上胶水。
- 把端口和"竹节"连接上，要反复转动，直到连接牢固，用同样的方法连接另一端。

- 一切完成后在接缝处再涂适量的胶水，确保不渗漏。

6.1.4 技能45：洗手台止水阀漏水解决方法

止水阀漏水维修方法

如果感觉洗手台下面总是湿漉漉的，可以先摸一摸止水阀下方，若手指湿了，则有可能是止水阀漏水了，此时只要更换新的垫片就可以修复漏水。先用螺丝刀关闭止水阀，然后用工具向左转，松开轴心盖，更换垫片。注意，为了更换保护垫片而旋转轴心时，水会喷出来，因此必须先将家中总阀关掉。

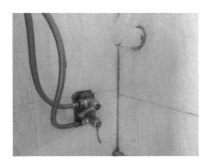

▲ 洗手台止水阀漏水

6.1.5 技能 46：排水管出现裂缝、穿孔解决方法

（1）裂缝原因及维修方法

管壁裂缝的主要原因是房屋变形、地基下沉，导致整个排水系统管道受力不均匀，进而造成某段管壁裂缝。这种情况不常出现，解决的方法有两种。

● 一种是采用涂环氧树脂，贴玻璃丝布的"缠裹法"，将裂缝段的管道用玻璃丝布裹起来，解决漏水问题。

● 另一种方法是用手提砂轮沿裂缝打出坡口，坡口上口宽不超过 2mm，深不超过 3mm，然后将冷铅切成细条，嵌进裂缝内，用扁铲加锤子打实，打到不漏水为止。两种方法因地制宜，灵活采用。

（2）穿孔原因及维修方法

管壁穿孔主要是由腐蚀造成的，或者是在铸造过程中有砂眼和气孔，导致局部管壁很薄，此时稍一受腐蚀便会穿孔。解决的方法是将孔周围 50mm 以内的管壁打磨光，涂上环氧树脂和固化剂，再贴上玻璃丝布，然后在玻璃丝布上再涂环氧树脂，再贴玻璃丝布，一般采用四脂三布，即可解决。

6.1.6 技能 47：厨卫下水管道返臭味解决方法

（1）下水道返臭味原因

下水道返味的原因可能是下水道的水封高度不够，存水弯水分很快干涸，使排水管内的臭气上溢。这时可以给下水道加一个返水弯，或换一个同规格的下水道。如果长期无人在家，最好用盖子将下水道封起来。

（2）清洗卫生间排水口方法

在卫生间的排水口，为防止排水管的异味，一般都会有一些积水，其原理和坐便器是差不多的，这个时候排水口起到了防臭阀的作用。但是在洗澡的时候，身体的污垢和毛发会呈糊状堵住排水口，一旦水流受阻，这里就会成为恶臭与病菌的发源地。

因此有必要进行"分解扫除"，所需要的工具非常简单，只需要牙刷和海绵即可。如果是一般住宅的排水口，首先将排水口的外壳拆下，再将塑料制的网旋转拆下，然后将最下方的零件也拆下，全部拆下以后，可以用牙刷和海绵进行清洗。

△ 牙刷

△ 海绵

△ 清洗排水口

（3）排水口恶臭解决方法

如果零件变色或者发出的恶臭非常严重，则在取出清洗并重新安装各部件后，可以一点点地滴氯水漂白剂进去，这个过程可持续 3~5 分钟。

需要特别注意的是，使用氯水漂白剂时一定要戴上手套，并保持浴室换气通风。等到氯气的味道都散了以后，再重新用清水冲洗一下排水口，就能发现排水口已经光洁如新了。

6.1.7 技能 48：更换洗手台进水管

进水管更换方法

到五金卖场购买洗手台进水管时，应先确认尺寸及所需配件。更换时先将进水口控制阀关闭，再将控制阀上的固定螺帽卸下，把旧水管拔起。利用万用钳将水管连接到洗脸台一端的固定螺帽卸下，然后将旧水管拆除。

新式高压软管本身都已附加上固定螺帽了，所以直接将其固定在进水口控制阀上即可。对应冷热水的龙头位置，将高压软管的另一端安装在水龙头的下方。完成冷、热进水口的高压软管安装后，将进水口的控制阀开启。

△ 更换不锈钢进水管

6.1.8　技能49：更换水龙头方法

水龙头更换步骤

步骤一：换装水龙头之前，要先将洗脸盆下方的水龙头总开关关闭。如果洗脸盆下方还有陶瓷材质的盖子或柱子盖住，要小心地将盖子拆开，因为这类材质的部件很容易摔坏。

步骤二：关闭总阀之后，循着水管往上找到水龙头与水管的接口处，捏住水管上方的金属接头，用力旋转几下，将它拆下来。

步骤三：水管拆下来后先摆在一边，可以仔细看一下这些水管的接头和管壁，若大部分都很脏，则建议购买新的更换。

步骤四：将水管拆掉之后，用手握住整个水龙头往左、往右轻轻旋转两下，把水龙头扭松。

步骤五：将水龙头下方的塑胶旋扭拆下来。

步骤六：将整个旧的水龙头拿起来。

步骤七：把新的水龙头套上去，摆正。

步骤八：套上塑胶固定旋扭并转紧之后，再从下方把水管装上去，拧紧。

△ 关闭进水阀门

△ 拆下水龙头

△ 新龙头缠生料带

△ 手动拧紧

△ 出水测试

6.1.9　技能 50：更换水龙头把手

水龙头把手更换方法

不管是双枪混合水龙头还是单枪水龙头，在市面上都可以找到各式各样、五颜六色的更换把手。只要将目前所使用的把手换成喜欢的类型，就能让心情焕然一新。

（1）双枪混合水龙头

将水龙头关紧，用锥子或细长的一字螺丝刀将锁扣撬起。松开螺丝的同时，将把手向上拔起。从所附的 3 颗六角头中选择适合轴心尺寸的，将其插入，将横杆式把手套入。此时的冷热水把手都要朝向正面。从所附的 3 根螺丝中选择适合轴心尺寸的，将其锁上。最后将锁扣盖回把手上。

△ 双枪混合水龙头

（2）单枪水龙头

将锁扣向左转开、卸下，再将把手向上拔起。从三颗六角头中选择适合的插入后，套上横杆式把手。从所附的 3 根螺丝中选择适合轴心尺寸的，将其锁上即可。

△ 单枪水龙头

6.1.10　技能 51：水龙头一直漏水解决方法

多数人认为水龙头漏水就是阀芯出了问题，实际上，只要使用得当，阀芯是不容易出问题的。因此，水龙头漏水，应从其本质来进行分析。

漏水现象	原因分析	解决办法
水龙头出水口漏水	水龙头内的轴心垫片磨损会造成这种情况	根据水龙头的大小,选择对应的钳子将水龙头压盖旋开,并用夹子取出磨损的轴心垫片,再换上新的垫片即可解决该问题
水龙头接管的接合处出现漏水	检查下接管处的螺帽是否松掉	将螺帽拧紧或者换上新的 U 形密封垫
水龙头拴下部缝隙漏水	这是由压盖内的三角密封垫磨损而引起的	可以将螺丝转松取下拴头,接着将压盖弄松取下,然后将压盖内侧的三角密封垫取出,换上新的

6.1.11　技能 52:水龙头密封圈漏水解决方法

如果发现导致漏水的原因并不是螺母松了,那就要更换密封圈了。水龙头的密封圈可以是由一个或多个 O 形橡胶环组成的密封圈,也可以是在填密螺母下缠绕在阀芯上的像细绳或软金属线的密封材料。

(1)准备工具

▲ 可调扳手

▲ 密封圈

(2)更换密封圈步骤

步骤一:关闭总阀,拆下水龙头把手。

步骤二:旋下填密螺母,从阀芯上把螺母和旧的密封圈都取下来。

步骤三:安装新的密封圈。如果使用的是线状的密封材料,则应把它绕阀芯缠绕几圈。如果使用的是软金属丝这样的密封材料,则绕阀芯缠一圈即可。

步骤四:在重新把水龙头组装起来之前,应该在阀芯的螺纹上和填密螺母的螺纹上涂一层薄薄的凡士林油。

6.1.12　技能 53:更换整个水龙头还是会漏水解决方法

原因分析及解决方法

有些漏水问题与水龙头本身无关,而可能是因为上水软管与水龙头本体的安装不当导致的。此外,还可能是由于给水龙头供水的上水软管老化、水压不稳或者被腐蚀等问题所导致的。上水软管一旦出现开裂、爆裂等问题，后果会很严重。因此，最好每 1~2 年左右检查或更换一次上水软管。

6.1.13 技能 54：水龙头生锈解决方法

（1）原因分析及解决方法

水龙头多是由锌合金、纯铜和不锈钢三种材料制造的，一般情况下，水龙头生锈是由于长时间使用而使得水龙头显得发黄有污渍。这种情况下，将生锈的水龙头在水里泡一泡，再用牙膏、毛巾擦一擦，一般都会使其光亮如新。除此之外，洁厕剂和醋也可以较快地除去生锈。如果水龙头生锈太厉害，则有可能是水质有问题，或者是水龙头质量较差，这时候就需要进行更换了。

（2）生锈水龙头拆卸步骤

步骤一：用锤子轻轻敲打水龙头与水管结合处，四周都要敲打到，多反复几次，其主要作用是使水龙头和水管之间的咬合松动。

步骤二：将水龙头与水管结合部缠的生料带全部清除干净，喷上除锈剂。使用汽车用的松锈剂就可以，这种除锈剂很容易购买到。

步骤三：待除锈进行一段时间后，用扳手或水管钳拧动水龙头，将其卸下。

6.1.14 技能 55：安装水龙头起泡器

起泡器安装方法

在厨房、浴室中装置水龙头起泡器，可阻止水花四溅，并减少资源浪费。安装前应先关闭水龙头，将水龙头上的旧的滤水头卸下。拆卸时请注意，接头内有一片黑色橡胶圈，应一并更新，防止漏水。然后将起泡器的旋牙对准水龙头口出水端的旋牙，转紧即可。

安装起泡器后，水龙头给水时会产生大量气泡，防止溅出水花，并且可以任意调整水流方向。也可以推下喷头，改变出水方式，产生较大的冲洗面积。

△ 水龙头起泡器

△ 起泡器使用效果

6.1.15 技能 56：维修按压式水龙头

按压式水龙头包括阀体、阀芯、压盖、阀座、进水口和出水口。在圆柱形阀芯上有两个密封圈，在阀座上安装有弹簧支座。将阀芯推到低处位置时，水龙头开启；当阀芯回到高处位置时，水龙头关闭。按压式水龙头结构简单，开关方便，干净卫生，能减少手掌面的二次污染。

▲ 按压式水龙头

按压式水龙头维修步骤

步骤一：卸下把手，查看水龙头的部件。用大鲤鱼钳或可调扳手取下填密螺母，小心不要在金属上留下划痕。向打开水龙头时旋转的同一方向旋转阀芯或轴，把它们拧下来。

步骤二：取下固定垫圈的螺丝。如果有必要，可使用渗透润滑油使螺丝变松。检查螺丝和阀芯，如果有损坏要更换新的。

步骤三：关闭供水，卸下水龙头把手上面或后面的小螺丝以拆下固定在水龙头主体上的把手。一些螺丝藏在金属按钮、塑料按钮或塑料片下面，这些按钮或塑料片是卡入或拧入把手中的，只要把按钮打开，就会看到装在顶部的把手螺丝。如果有必要，可使用一些渗透润滑油来使螺丝变松。

步骤四：用一个完全相同的新垫圈换掉旧垫圈。与旧垫圈完全匹配的新垫圈一般都可以让水龙头不再滴水。还要注意旧垫圈是斜面还是平面，用相同的新垫圈进行更换。只针对冷水设计的垫圈在有热水流过时会剧烈膨胀从而堵塞出水口，使得热水流变慢。有些垫圈在冷热水中都可以工作，一定要确定用于更换的垫圈与原来的一模一样。

步骤五：将新的垫圈固定到阀芯上，然后把水龙头的各部件重新装好。向顺时针方向旋转阀芯。阀芯就位后，把填密螺母重新装上。小心不要让扳手在金属上留下划痕。

步骤六：重新安装把手并把按钮或圆盘装回去。重新开启供水，检查是否还有漏水。

6.1.16 技能57：冷水口出来热水的原因及解决方法

原因分析及解决办法

水龙头的冷水出口出来热水，会使人在毫无防备的情况下受到惊吓或者伤害。

出现这种情况是因为冷热水压力差过大，或者热水器提高水温的能力不够。想要解决这个问题，就要将热水器的冷热三角阀调小，使压力平衡，保证热水器的水温能够跟上出水速度。

△ 热水器冷热三角阀

6.1.17 技能58：浴室潮湿或出现霉斑的解决方法

解决方法

① 金属柜腿设计，拒绝潮气向上延伸

浴室柜不要选用木制的柜腿，否则在使用中会将地面的潮气引向柜体，最终会导致整个柜子潮湿变形。如果在柜体底部采用不锈钢作为支腿材料支撑柜体，则可以使浴室柜隔绝地面潮气，并使柜体尽量保持干燥。

② 干湿分开，保持地面干燥

如果有条件的话最好是采用淋浴房设计。排风扇装在淋浴房的上方，淋浴后，关上浴房门，多开一会儿排风扇，将淋浴产生的水汽尽量通过排风扇排出，避免水汽积存在卫生间。

③ 增加防水铝箔

夏天，我们常会发现浴室内的一些水管会产生冷凝水，这些水会顺着台面流入柜子底部，引起柜体发霉变形。如果在管子外面包裹一层海绵，就可以减少冷热气体直接在水管上形成冷凝水。此外，在柜体底部加上一层防水铝箔或是橡胶垫，或把它们垫在抽屉底部，也能起到防潮的作用。

④ 淋浴房用后要及时清理

有些人习惯在淋浴后，任淋浴房自然风干，这其实是一个很不好的习惯。墙地面水的挥发，使卫生间更加潮湿，所以一定要在淋浴后用干抹布将墙面擦净，并将地面积水清理干净。

6.1.18 技能59：水龙头、花洒乱射水的解决方法

原因分析及解决方法

这可能是由于杂质堵塞过滤网所引起的，此时只需将过滤网拆下清洗掉杂质后

重新安装，即可解决问题。这种情况也可能是水龙头或者花洒中间的孔有点堵塞，遇到这种情况时，应通一下中间的孔，试试有没有效果。

如果不是以上两种问题的话，还可以在淋浴的时候，挂一块小的毛巾在花洒上边，这样的话水就会顺着毛巾流到中间去了。

如果这几种方法都解决不了问题，那就只能选择更换水龙头或者花洒了。

6.1.19 技能 60：水龙头转换开关失灵的解决方法

原因分析及解决方法

水龙头转换开关失灵，很可能是阀芯卡住或阻塞了。这是水里的杂质卡住了阀芯导致转动不灵，甚至损坏了阀芯。一般有以下几种解决办法。

- 调整水压。水压过小，压下转换开关可能会弹不起来；水压过大，转换开关可能会压不下去。

- 杂质卡住开关时，应拆下开关清洗。

- 转换开关密封圈损坏时，应更换密封圈。

6.1.20 技能 61：浴缸与墙面连接处有污垢的解决方法

（1）原因分析

浴缸与墙面的连接处往往采用的是橡胶状的填充材料，它能够起到固定、防滑的作用。但是长时间的使用后，在连接处很容易产生大量的污垢。如果出现污垢，则应马上处理，不然时间久了就更加难以解决。

（2）轻度污垢处理方法

可以使用氯系漂白剂去除污垢。将面纸撕碎，做成条状，放在污垢上。用牙刷蘸上氯系漂白剂，涂在面纸上，大约静止 30 分钟至 1 小时。等污垢浮起后，用卫生纸等去除，再用水冲洗干净即可。

（3）重度污垢处理步骤

步骤一：用美工刀将浴缸与墙面连接处的旧填充材料割除，并用用美工刀的刀背或者不用的刀片仔细地刮除，再用布拭净，待干。

步骤二：留下要填补的空间，两侧用遮蔽胶带小心贴好，使其密合。

步骤三：打开填充材料的盖子，更换喷嘴，用美工刀配合细缝大小来切割。

步骤四：装上填充材料附带的挤压器，将填充材料挤入细缝中。然后用刮勺沿着细缝一边压紧一边向后拉，从而去除多余的填充材料。

步骤五：立即撕掉遮蔽胶带，不要让填充材料沾到其他部位。在填充材料完全凝固之前，不要戳它或者摩擦它。大约经过半天时间，如果用热水冲也没问题，就可以正常使用了。

6.1.21 技能 62：安装两段式坐便器冲水器

将坐便器水箱的配件更换成两段式冲水配件，可以节约用水。大便时可保持原来的冲水量，小便时冲水量只有原来的一半。

△ 两段式坐便器冲水器

安装步骤

步骤一：将坐便器水箱下方的水源开关关闭，坐便器水箱里的水放掉。

步骤二：将连接止水胶皮的旋钮拆下，把水箱内旧的止水胶皮拆下。

步骤三：把新的止水胶皮按原样安装好。

步骤四：将旧的水箱把手卸下来，装上新的两段式把手。新装置有长短两个拉杆，分别控制大便与小便的用水量。

步骤五：拉杆上有沟槽设计，拉杆的沟槽要与两段式把手的卡榫卡在一起。

步骤六：将止水皮胶上的两条绳子标记为大便拉线与小便拉线，对照说明书装对位置。

步骤七：调整拉线为悬垂放松的长度，预留长度要比最短距离再多 1cm。

步骤八：将坐便器水箱装水，试试改装效果。

6.1.22 技能 63：调整浮球柄省水

调整方法

坐便器水箱的出水量与浮球高低有关，只要调整浮球高度，就可改变坐便器水箱的储水量。因此调整坐便器水箱浮球的位置，就可以省水。

如果水箱出水量太大，可将进水器上的定位螺丝顺时针转动，使浮球定位下降。浮球位置下降后，自然就可以让水箱的储水量降低，进而减少用水。

6.1.23 技能 64：坐便器水箱漏水的解决方法

（1）水箱漏水原因分析

● 材质低劣。部分不法商家为了追求低成本，选用劣质的材料来制造坐便器的各个配件，导致进水阀、出水口以及进水管开裂，失去密封的作用。水箱中的水经排水阀溢流管流入坐便器。

● 过度追求水箱配件小型化。如果浮球过小导致浮力不够，当水吞没浮球后，进水阀未关闭，使得水不停地流进水箱，最终导致水从水箱溢出。特别是自来水压力高时，这种现象尤为明显。

● 设计不当。由于设计不当，使水箱配件各机构在动作时产生干扰，导致漏水。比如水箱放水时浮球及浮球杆下落后影响翻板正常复位，形成漏水；还有浮球杆过长，浮球过大，形成与水箱壁间的摩擦，影响浮球的自由升降，导致密封失效而漏水。

● 压差式进水阀未加过滤网。压差式进水阀未加过滤网时，水中杂质极易阻塞密封圈小孔，致使进水阀不能关闭，密封失灵。

● 排水阀密封阀盖与阀体密封面配合不紧密，形成漏水。密封阀盖与阀体密封面间有线接触密封和面接触（平面或曲面）密封两大类。传统的翻板式密封阀盖大多属于线接触密封。从实际使用情况来说，翻板材质选用不当、翻板自身变形或在水中受压变形、翻板运用后错位、阀体密封面工艺缺陷等是形成排水阀自身漏水的主要原因。面接触密封的排水阀，其密封性优于线接触密封的排水阀。

（2）水箱漏水维修方法

● 浮球（或浮桶）的浮力大小要经过理论计算，至少在 0.6MPa 的压力下，确保浮球可以吞没 3/4 时，才可以保证其密封。

● 因坐便器低水箱大小不一，在设计水箱配件时要充分考虑其装置后各机构动作自如，不产生相互干扰。

● 进水阀加装过滤网。

● 对排水阀阀盖选材要恰当，制造要精密，并增强包装、运输过程中的维护，防止变形。

● 排水阀阀体能一次成型最好，不能一次成型的，在各连接处最好采用螺纹加耐水黏结剂装配的构造方式；升降式进水阀至少要有双重密封圈以保证其密封性能。

6.1.24 技能 65：坐便器堵塞的解决方法

不同堵塞情况的解决方法

① 坐便器轻微堵塞

这一般是由手纸或卫生巾、毛巾、抹布等造成的坐便器堵塞。此时直接使用管道疏通机或简易疏通工具就可以疏通了。

② 坐便器硬物堵塞

使用的时候不小心掉进塑料刷子、瓶盖、肥皂、梳子等硬物，造成堵塞。这种堵塞轻微时可以直接使用管道疏通机或简易疏通器直接疏通，严重的时候必须拆开坐便器疏通。此时只有把堵塞物弄出来才能彻底解决问题。

③ 坐便器老化堵塞

坐便器使用的时间长了，难免会在内壁上结垢，严重的时候会堵住坐便器的出气孔而造成坐便器下水慢。解决方法就是找到通气孔刮开污垢，让坐便器下水畅通。

④ 坐便器安装失误

安装失误有时是底部的出口跟下水口没有对准位置。另外，坐便器底部的螺丝孔完全封死，也会造成坐便器下水不畅通，坐便器水箱水位不够高会影响冲水效果。

⑤ 蹲坑改坐便器

有些老房子建房时安装的是蹲坑，下水管道底部使用的是 U 形防水弯头。在改成坐便器的时候，最好能把底部弯头换成直接弯。如果换不了，那么在安装坐便器前就一定要做好底部反水弯的清理工作，安装时切忌让水泥或瓷砖碎片掉进去。

△ 橡皮气压式疏通器

△ 手动式马桶疏通器

6.1.25　技能 66：坐便器返异味的解决方法

原因分析及解决方法

如果坐便器一往里倒水就有异味出来，一般是因为坐便器的水封高度不够。所谓坐便器水封高度是指坐便器在不用的情况下（会留有一些水）水面与排污口顶端的高度。水封高能有效防止下水管的异味往室内冒，而这个水封高度是坐便器在设计的时候就定好了的。国家标准要求水封高度大于 50cm，买的时候可以测量下。想要解决异味问题，可以在坐便器的水箱里放一个洁厕灵。

△ 坐便器水封高度

6.1.26　技能 67：冲水键无法回归原位的解决方法

原因分析及解决方法

有时候，按下冲水键，手离开之后，冲水键却没有回归原位，水流个不停。出现这种现象主要是因为冲水键的芯棒附着了钙化污垢或铁锈等，导致无法顺畅地转动，此时喷上润滑剂，大多数情况可以修好。如果不行的话，只要拆开芯棒，清理干净就可以了。具体方法如下。

- 关闭止水栓，将冲水拉杆的链条卸下，先挂在溢流管上。
- 卸下冲水键上位于中央的螺丝。因种类的不同，有的冲水键要用锥子等将中央的塑胶盖片挑起后才会看见螺丝。
- 从水箱内侧将芯棒拔起，用 600 号砂纸抹掉芯棒上的污垢再装回即可。

6.1.27　技能 68：厨房洗菜槽堵塞解决方法

（1）洗菜槽堵塞原因分析

厨房是人们准备菜肴的空间，需要保持整洁干净。但是作为清洗蔬菜瓜果、碗盆的洗菜槽却常常会堵塞，究其原因一般都是不正确地倾倒垃圾的问题。所以想要保持洗菜槽的洁净，就需要养成良好的生活习惯，不要将大块的垃圾倒入洗菜槽。

△ 双槽洗菜槽

△ 单槽洗菜槽

（2）解决堵塞的步骤

步骤一：关闭水龙头，以免堵塞处积水更多。

步骤二：用手或钩子等工具伸到排水管中，清除堵塞在其中的脏物。如果居住的是一楼，则应检查室外的下水道处是否堆积了落叶或淤泥，以至堵塞了排水管。

步骤三：当洗菜槽或洗涤槽的排水管无明显的堵塞物时，可以用湿布堵住溢流孔，然后用搋子排除淤积物。

步骤四：如果使用搋子不能清除洗菜槽或洗涤槽排水管的堵塞物，可以在排水管的存水弯处先放置一个水桶，然后拧下弯管，清除里面的堵塞物。

步骤五：如果以上方法都不奏效，说明造成排水管堵塞的淤积物在管道深处，此时应及时报知修理工，以免长时间堵塞造成洗菜槽积水。建议找专业的师傅来维修。

6.1.28 技能 69：清除洗菜槽内的污垢

污垢清除方法

● 水槽尽量在使用过后用温水、洗涤液和软布清洗，普通的污渍可立即去除。

● 一般的垃圾和奶油等污渍属于轻微污染，不应该用强力去污清洁剂来清洗。

● 容易污染水槽的食物如茶、咖啡、果汁等最好马上用水或清洁剂清洗，以免碱性沉淀物残留在水槽内。

● 如果有些污渍特别难以去除，不妨在水槽内注入具有高度稀释功能的清洁剂（如漂白剂），静置一整夜，第二天早晨用温水和软布擦拭。

● 金属厨具和水槽表面接触产生的痕迹可用布或海绵蘸取液体清洁剂去除。

● 水槽的使用过程中会产生石灰质，非常容易沉淀在水槽底部，建议水槽底部每星期清洗两次或以上。

6.2 电路修缮

6.2.1 技能 70：解决电路短路

用电安全的注意事项

① 不超负荷用电

家庭使用的用电设备总电流不能超过电能表和电源线的最大额定电流。

② 安装漏电保护器

家庭用电一定要在自家电能表的出线侧安装一只漏电保护器，以便在家电设备漏电、人身触电、供电电压太高或太低时自动跳闸切断电源，保护人身和设备的安全。

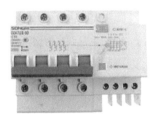

△ 漏电保护器

③ 用电设备外壳要可靠接零

三芯插座的接地插孔，一定要做可靠保护接零（地）线连接；三芯插头的接地桩头，一定要与用电设备的铁外壳连接，以防用电设备的外壳带电，发生人身触电等危险情况。

④ 把好产品质量关

所有的电源设备（导线、闸刀开关、漏电流保护器、插头、插座等）、家庭用电设备都要选用国家指定厂家生产并经技术质检合格的产品，不能图便宜购买"三无"产品。

⑤ 安装布线符合要求

电源插座安装要高于地面 1.6m，临时用电不能胡拉乱接，用完后应立即拆除。

⑥ 严禁使用代用品

不能用铜丝、铝丝、铁丝代替保险丝；不能用信号传输线代替电源线；不能用医用白胶布代替绝缘黑胶布；不能用漆包线代替电热丝自制电热褥等代用品。

⑦ 发现异常立即断电

用电设备在使用中，发现电压异常升高，或发现用电设备有异常的响声、气味、温度、冒烟、火光等，要立即断开电源，再进行检查或灭火抢救。

6.2.2 技能 71：电路接触不良的解决方法

不同情况分析

① 导线与导线连接处接触不良

在所有接触不良引发火灾的事故原因中，线路接头处接触电阻过大位居第一。电气线路的连接处，若接点接触松弛，则接点间的电压足以击穿空气间隙形成电弧，迸出火花，点燃附近的可燃物形成火灾。

② 导线与电器设备的连接处接触不良

即电器设备违反接线方式、连接不牢，或维护保养不善，或长期运行过程中在接头处产生导电不良的氧化膜，或接头因振动、热力作用等，使连接处发生松动、氧化造成接触电阻过大。

③ 插头与插座的接插部位接触不良

各种电源，用电设备、装置，照明灯具，电热器具，家用电器等插头与插座的接插部位接触松动或接触不良，会产生电弧、火花而引起火灾。

④ 导线与开关接线端连接处接触不良

导线与电源和电器设备的自动空气开关或手动刀闸开关接触不良、连接点松动，造成接触电阻过大，会使得局部过热和产生击穿电弧或电火花引燃可燃物。

6.2.3 技能 72：跳闸、电线走火的解决方法

（1）跳闸、电线走火原因分析

① 漏电断路器质量有问题

先检查漏电断路器的质量。一是对漏电脱扣器进行检查，一般用试验按钮来检验，在按试验按钮时，漏电断路器应动作，要求跳闸灵敏；二是检查漏电断路器在

空载状态下能否合闸，如果不能合闸，则此漏电断路器有故障，不能使用，应该更换。

② 漏电断路器接线错误

检查用电设备的相线是否误接到漏电断路器的前面，使部分负荷没有通过漏电断路器。这样会使漏电断路器 N 线电流大于相线电流，使其跳闸，甚至合不上闸。

③ 用电设备漏电

如果用电设备漏电，则设备的金属外壳带电，此时可以用测电笔进行检验，找出故障。

④ 插座 N 线、PE 线接反

如果插座的 N 线、PE 线接反，会形成零序电流，引起漏电断路器动作。

⑤ 照明回路上某灯具的 N 线取自插座回路

现代住宅是多回路供电，照明和插座分开供电，照明回路用断路器控制，插座用漏电断路器控制。若照明回路个别灯具的 N 线取自插座回路，则此接线形成了零序电流，将引起漏电断路器动作。检查时可切断插座电源（相线和 N 线同时切断），如果某盏灯不亮（经检查相线有电且相线、中性线间无电压），可确定该灯的 N 线取自插座回路，在此位置查找到中性线接入点，重新接线，便可解决问题。

⑥ 线路受潮引起漏电而跳闸

检查厨房、卫生间线路中的接线盒。打开受潮的接线盒，如果里面的接头湿漉漉的，有水珠覆着个别的管口还滴水，那么这是上层的防水层损坏，水渗入电气管线所致。此时应打开所有与之关联的接线盒、开关盒，做自然排水、自然干燥处理，并把所有接头的绝缘重新包扎。线路自然干燥 1~2 天，便可解决漏电问题（同时处理好上层防水层漏水的问题），恢复正常供电。对于新建建筑物，由于还没有完全干燥，因此其线路更容易受潮，应检查所有房间。

（2）电路跳闸、走火的解决办法

空气开关和漏电保护器一定要分清，漏电保护器体积最大，后面小的都叫空气开关。首先把所有的空气开关包括漏电保护器全关闭，然后开始送闸，先把漏电保护器合上，再一一把空气开关合上。

如果漏电保护器合不上，则有可能是漏电保护器的问题，换一个即可；如果不跳闸那就继续送闸，如果跳闸了，则说明是该路电路的问题；合不上闸的空气开关先别管，继续送后面的空气开关，然后检查家里哪路电没电。

然后把所有的电器插座全部拔下，再合一下刚才没合上的空气开关看看，如果还是合不上，就把空气开关箱上的盖子卸下，再把电路的零线和地线全部插离总线，看看火线是否漏电。用电笔测下插离的零线和地线是否传电，一般情况下，不使用大功率电器时，零线和地线是不会传电的。如果零线和地线没问题，就可以把零线和火线调换下。

火线漏电时，把它做成地线也是一种处理方法。将地线接到空气开关的底下，然后把电路中所有插座里的地线和火线全部调换下位置即可。

△ 家装总空开箱

6.2.4 技能 73：空开总是跳闸的解决方法

家里的电源开关一般有两种：一种带漏电保护，另一种不带漏电保护。带漏电保护开关跳闸的绝大部分原因是零线上的电流过大（一般是毫安级的），说明家里的电器有漏点，应检查各个用电器；不带漏电保护开关跳闸的原因是供电电流大于开关的额定电流。其他开关没事，是因为单个用电器的电流没有超过单个开关的额定电流。

空开跳闸原因分析

● 如果平时不跳闸而在使用某个电器时就跳闸或容易跳闸，说明这个电器有漏电的地方或有绝缘不好的地方。

● 如果只要使用某一个线路，即某个线路一旦供电就跳闸，说明这条线路有漏电的地方。

● 如果在某一个电器使用时，刚开始不跳闸，等一会儿就跳闸，说明这个电器的绝缘老化了，热稳定性变差而发生漏电。

● 如果是使用耗电功率相对较大的电器或家里有较多的用电设备在使用时跳闸，说明家里跳闸的空气开关（家用的 PVC 空气开关或漏电保护器）的额定电流选小了，应该换一个额定电流大一些的漏电保护器。

6.2.5 技能 74：DIY 电源开关

电源开关制作方法

DIY 电源开关其实很简单，卖场里便可买到开关组。安装前，一定要确保家里的电源总闸已经关闭。就不用怕被电到。首先将预留电源开关盒里的电线抒出，并削去前端保护层。将电源进线插入 L 端子并固定好，将照明灯具线接 L1 端子固定。然后把开关组锁上，把盖板盖上，听到扣住的声音就成功了。

6.2.6 技能 75：DIY 电源插座

电源插座制作方法

　　DIY 电源插座的时候，首先要关闭总电源，用一字螺丝刀将插座的盖板撬开，再以十字螺丝刀将底座两侧的固定螺丝卸下。向外拉出后，再用一字螺丝刀插入电线旁的小孔压到底，即可拆下电源电线。然后将已拆下的第一条电源线，插入与新插座相同位置的插孔中。

　　再用同样的方式将所有电源线按原插座位置接回。将新插座组的盖板拆开，用刚才卸下的螺钉将底座锁回墙面。最后盖上盖板，打开总电源即可使用。

△ 撬开插座盖板

△ 卸下底座螺丝

△ 将底座锁回墙面

△ 盖上盖板

6.2.7 技能 76：更换开关背盖

更换方法

　　更换开关背盖前，记得要把电源总开关关闭，以免触电。任何款式的开关尺寸大小都一样，因此不用担心尺寸不合适的问题。先使用一字螺丝刀或用手直接将面板撬开，再用十字螺丝刀或电钻将两侧螺丝取下。然后将整组开关拉出，并用一字螺丝刀插入电线旁的一字洞孔，顺势拆下电线，将旧的开关组取出。将电线按照原来拆下时的方式一样接回去之后，把盖板的螺丝锁回去，最后把新面板压上即可。

△ 一字螺丝刀

△ 普通开关

6.2.8 技能 77：插座与插排的安全使用

安全使用要点

● 明装插座距地面最好不低于 1.8m；暗装插座距地面不要低于 0.3m。厨房和卫生间的插座最好距地面 1.5m 以上，而空调的插座至少要距离地面 2m 以上。

● 在卫生间和厨房里安装插座需谨慎，这两个地方水龙头多，经常会有水溅出，湿度也很大。插座面板上最好安装防溅水盒或塑料挡板，其能有效防止因油污、水汽侵入而引起的短路。有小孩的家庭，为了防止儿童用手指触摸或用金属物捅插座孔眼，应选用带保险挡片的安全插座。

● 多个电器共用一个插座是非常普遍的现象。但是这种做法会使电路超负荷运行，从而容易引起火灾。空调、洗衣机、抽油烟机等大功率电器最好使用独立的插座。平时使用率不高的电器或用电量较小的电器，如电推子、电吹风、电熨斗等，可使用多用插座，但不要和用电量大的电器连在一起，避免用电量超载而失火。

● 家中长时间无人时，应检查插座并拔掉家用电器的插头。

● 不管是哪一种插座，都有一定的容量极限。如果超过这个极限，使导线长期在超负荷情况下工作的话，就会带来安全隐患。轻则造成电压下降，影响电器的使用，如电视机图像不清楚、电冰箱不制冷；重则烧毁电线和电器，甚至引起火灾。因此，需要慎重使用多用插座。

● 插排是临时接电的一种装置，不可长期保持通电状态。插排所插电器的总额定电流不应大于插排的额定电流。一定不要用拽电源线的方法拔插头，容易把连接处拽断，造成短路。当发现插排温度过高或出现拉弧、打火，插头与插座接触不良，插头过松或过紧时，应及时停止使用并更换。

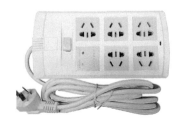

△ 家用标准插排

水电施工必懂的80个技能

170

6.2.9 技能 78：如何更换灯泡、灯管

灯泡、灯管的更换方法

● 在更换灯泡、灯管之前，先进行断电处理。找到配电箱内对应的空气开关，将其关闭即可。

● 灯座有一边（可看出比另一边稍大）带弹性，一手拿住该灯座，另一只手握住灯管，把灯管往灯座里一压，灯管的另一头就出来了，取下灯管，按相反方法换上新灯管即可，注意将两头接触孔插好。

● 灯座两边一样大，但每个灯座下方有一个缝隙，将灯管旋转 90°，灯管就从两边的缝隙中出来了。按相反方法换上新灯管即可。

● 按照顺时针方向将灯泡拧下来，过程中注意不可碰触灯泡的金属螺纹位置，防止触电。然后将新灯泡按照逆时针方向拧上去即可。

△ 卤钨灯泡　　　　　　　　　　　　△ 日光灯管

6.2.10 技能 79：安装灯管启动器

安装启动器方法

日光灯需通过启动器来点亮，开启后会有一段闪烁时间，若使用价格较高的启动器，其可在开启电源后 0.1 秒内点亮日光灯，减少灯管的消耗。向左旋转启动器，将脚座对准 2 个圆形缺口，接着拆下旧的灯管启动器。以相同方式装上新的启动器，并向右转紧固定即可。

6.2.11 技能 80：清洁灯具

（1）水晶灯具的清洁

对水晶珠进行清洁时，可以用棉软布蘸上清洁剂稀释的水轻轻擦拭，注意每个面都要擦到。擦拭时不要捏住水晶珠往下拉，以免将线珠拉断。

水晶吊顶的支架和配件多是镀铬件或镀铜件，而且在电镀层外又加了一层保护膜，才使灯具金光灿烂，久不生锈。因此擦拭支架和配件时，软布不要蘸水，特别是酒精，以免腐蚀电镀保护膜，使之氧化发黑，影响其表面亮泽效果。

△ 清洁水晶灯

（2）吸顶灯的清洁

● 拆卸清洁灯罩。对吸顶灯进行清洁时，首先需要拆下灯罩。拆卸灯罩前，需要先关闭电源。由于吸顶灯挂在高处，灯罩、灯泡由于材质原因又容易破碎，因此，拆卸灯罩时，尽量两个人配合，保证安全。灯罩拆下后，按灯罩材质不同采取不同的清洁方法即可。

● 灯座污渍清洁。对于灯座上的污渍，可以用软布先将表面的灰尘去除，然后再蘸点牙膏擦拭，不能用水擦洗，切忌将水分留在灯座上。

● 不要随意移动灯具部件。在擦拭洗吸顶灯的时候，应该将淡色的棉袜或者棉手套套在手上，轻轻地擦拭灯具，不要随意地移动灯具里面的部件。

● 原样装好灯具。吸顶灯清洁完毕后，应按原样将灯具装好，不能漏装、错装零部件。